碘银/铜(Ⅰ)酸盐杂化材料的研究

于探来 著

Study of Iodoargentate(Ⅰ)/Iodocuprate(Ⅰ)-Based Hybrid Materials

·北京·

内容简介

本书对碘银/铜（Ⅰ）酸盐杂化材料进行了系统介绍，总结了有机模板及其导向下 d^{10} 碘银/铜（Ⅰ）酸盐杂化物领域的最新研究进展，并对碘银/铜（Ⅰ）酸盐骨架的构筑特征、结构导向机制和光/热致变色性能进行了深入研究，以期在显示、保护、传感、开关、能量转换和信息储存等领域材料设计方面提供新的思路。

全书共6章：第1章简要介绍无机-有机杂化材料、超分子化学和晶体工程；第2章介绍模板/结构导向剂的作用及进展；第3章总结和分析碘银/铜（Ⅰ）酸盐无机骨架的构筑规律；第4章阐述碘银/铜（Ⅰ）酸盐体系的导向合成规律；第5章介绍碘银/铜（Ⅰ）酸盐杂化物的新性能；第6章总结与展望碘银/铜（Ⅰ）酸盐体系的发展趋势。

本书可作为化学、材料科学及相关行业的研究、开发、应用人员的参考用书，也可供高等院校相关专业师生使用。

图书在版编目（CIP）数据

碘银/铜(Ⅰ) 酸盐杂化材料的研究/于探来著．—北京：化学工业出版社，2020.11

ISBN 978-7-122-37674-9

Ⅰ.①碘…　Ⅱ.①于…　Ⅲ.①碘化物-杂化-材料-研究　Ⅳ.①TQ124.6

中国版本图书馆 CIP 数据核字（2020）第 165786 号

责任编辑：提　岩　张双进　　　文字编辑：林　丹　姚子丽

责任校对：王素芹　　　装帧设计：王晓宇

出版发行：化学工业出版社（北京市东城区青年湖南街 13 号　邮政编码 100011）

印　　装：涿州市般润文化传播有限公司

710mm×1000mm　1/16　印张 7　字数 130 千字　　2020 年 11 月北京第 1 版第 1 次印刷

购书咨询：010-64518888　　　售后服务：010-64518899

网　　址：http://www.cip.com.cn

凡购买本书，如有缺损质量问题，本社销售中心负责调换。

定　　价：48.00 元

Preface
前言

卤金属酸盐无机-有机杂化材料因结构多样性及多领域潜在的应用备受化学家和材料学家的关注，如可见光敏化太阳能电池、开关型非线性光学装置、变色材料、场效应晶体管、有机染料降解催化剂等。特别是有机模板/结构导向剂（structural directing agent，SDA）导向的碘银/铜（Ⅰ）酸盐，由于其可调的结构和半导体特性，成为近年来卤化物领域的一个研究热点。近年来，选用一系列具有不同空间构型和电子特性的脂肪胺/芳香阳离子作为结构导向剂，构筑了一系列新型骨架结构和多样的功能材料，如具有热/光致变色、可见光催化降解或吸附有机染料和发光等性质的功能材料。但是该领域目前仍面临着两个挑战：①如何实现无机组分的结构可控设计，如维数、对称性等；②如何利用碘银/铜（Ⅰ）酸盐的富电子特性构筑新型电子给受功能材料。结构导向剂的合理选择是解决这两个问题的关键。特别是不同于传统的离散结构导向剂，近期借助客体分子间弱相互作用组装的超分子结构导向剂不仅展现了对阳离子的聚集状态、电荷密度、对称性和电子能级良好的调变能力，而且表现出独特的协同导向效应和优异的性能调变能力，在结构构建、材料功能和性能优化方面展示出巨大的前景。

笔者结合近六年的科研成果并参考大量文献撰写了本书，介绍了有机模板及其导向下 d^{10} 碘银/铜（Ⅰ）酸盐杂化物领域的研究进展，以期在显示、保护、传感、开关、能量转换和信息储存等领域材料设计方面提供新的思路。

本书中的研究工作得到了国家自然科学基金（No. 21171110）、山西省重点实验室项目计划（201805D111012）、山西省重点研发计划项目（201803D221011-6）、山西省“1331”工程（技术）研究中心建设计划、山西省应用基础研究项目

（No. 201801D221109、No. 201701D121022、No. 201601D202025）、山西省高等学校科技创新项目（No. 2019L0951）、山西省研究生创新项目（No. 2016BY096）和吕梁市引进高层次科技人才重点研发项目（No. 2017-011-04）等项目的支持。在本书的写作过程中，付云龙老师给予了指导意见，武国兴和杨旭锋等参与了文字和图表的校核，在此致以衷心的感谢！

由于水平所限，书中不足之处在所难免，敬请广大读者指正！

于探来

2020 年 6 月

Contents
目录

第1章 绪论

1.1 无机-有机杂化材料

1984年，H. Schmidt等人首先提出了无机-有机杂化材料的概念[1]。近些年，无机-有机杂化材料的设计与合成吸引了广大科学家的兴趣，不仅由于其灵活的结构构建能力，而且它们在高科技领域展现了潜在的应用前景，如：光伏[2]、光致发光[3]、催化[4]、吸附分离[5]、非线性光学[6]、变色防伪[7] 等领域（图1-1）。通常，这类杂化材料兼具有机、无机组分各自的优点（如无机组分高的化学、机械和热稳定性，有机组分强的结构、性能可裁剪性及易加工性），克服单一组分自身的缺陷，甚至通过协同效应产生一些新颖的性能[8-12]。该领域的兴起极大地推动了无机化学与材料学科的蓬勃发展，并成为当前无机化学与材料学科领域研究的热点。

P. Judeinstein和C. Sanchez[13] 根据无机和有机组分间的结合方式和组成材料的组分差异性把无机-有机杂化材料分为两类。第一类：有机分子或聚合物简单地包埋于无机基质中，两组分间仅通过弱键相互作用互相连接，如：范德华力、静电作用或氢键。第二类：无机组分与有机组分之间通过强的化学键（如共价键或离子键）形成分子水平上的杂化，而不同于第一类中有机组分简单包裹于无机基质中，此时两组分间仍存在弱键。另外，D. Hagrman等人[14] 对有机组分在无机-有机杂化材料构建过程中可能扮演的作用进行了总结，根据作用类型不同主要分为以下三个方面：①质子化或烷基化有机阳离子组分位于骨架中，起空间填充、电荷平衡和结构导向作用；②作为有机配体与另一种过渡金属配位，形成所谓的

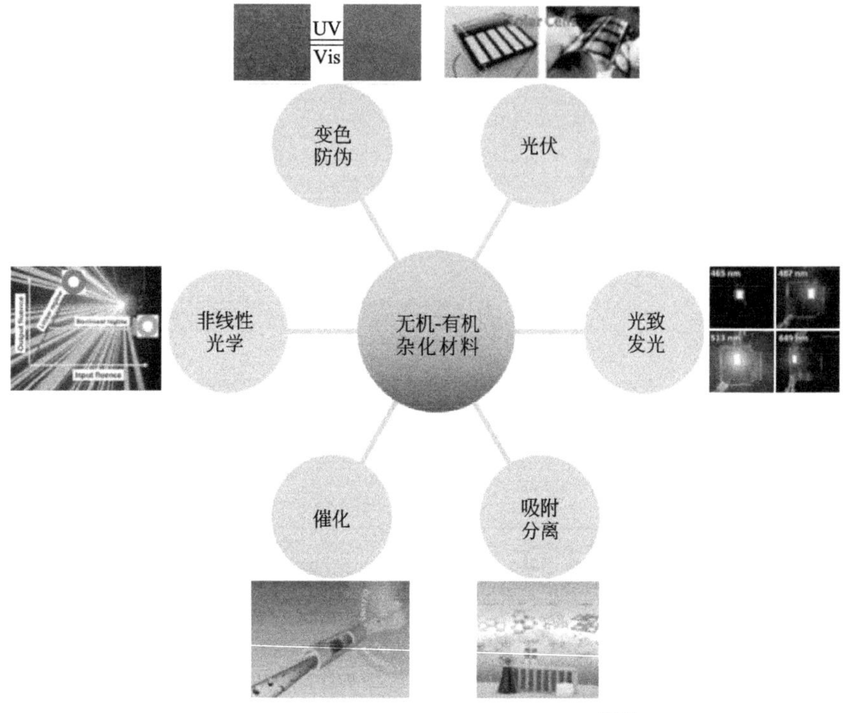

图 1-1　无机-有机杂化材料的潜在应用[2-7]

配阳离子，发挥的作用类似于前面的有机阳离子；③有机组分作为端基配体或者支撑体直接连接到无机骨架的金属原子或者杂原子上（图 1-2）。2015 年，M. Rademeyer 小组[15] 对一维卤桥连金属聚合物进行了总结和分类：有机配体配位到金属中心形成中性链，归属为配位化合物（coordination compounds）；无机组分为阴离子型结构，有机组分或配合物作为反电荷阳离子，通过阴、阳离子间的静电作用、氢键等弱相互作用发挥导向作用，归属为离子化合物（ionic compounds）。

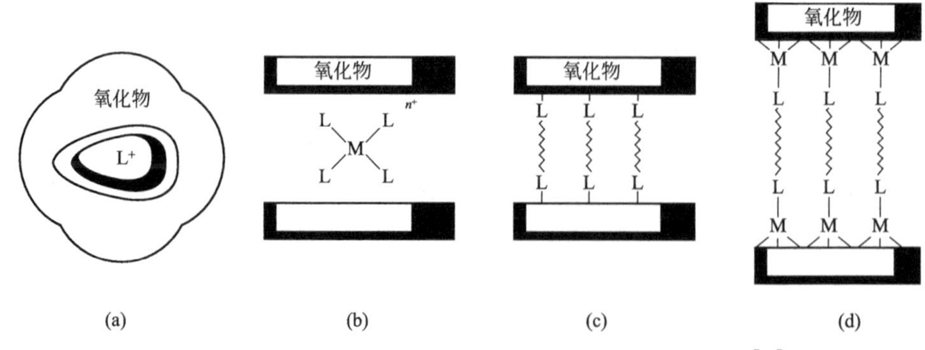

图 1-2　有机组分在无机-有机杂化材料构建中的作用示意图[14]

作为无机-有机杂化材料的一个重要分支，碘银/铜（Ⅰ）酸盐杂化材料备受科学家们的关注，主要有以下两个原因[11,16-19]：①结构方面，由于银/铜（Ⅰ）离子具有多样的配位环境（线型的 MI_2、三角形的 MI_3、四面体的 MI_4 和八面体的 MI_6）、碘离子易变的连接模式（端基和 μ_{2-8} 桥连模式）和 M—I 键良好的动力学和低的能量，使得碘银/铜（Ⅰ）酸盐杂化物展现了多样的结构类型和阴离子维数；②功能方面，富电子特性的碘银/铜（Ⅰ）酸盐具有可调的半导体特性和迷人的物理性质，如：介电、非线性光学、可见光催化、变色等性质。但是，相比广泛研究的卤金属配位化合物[20-24] 和相对成熟的氧化物[25-27] /硫属化物体系[28-32]，有机模板导向碘银/铜（Ⅰ）酸盐离子化合物的合成设计与功能研究仍处于初期。虽然在过去 20 年，大量的新型碘银/铜（Ⅰ）酸盐结构被构筑，但是对于可控合成的规律理解仍是不足，这导致目前合成方面更多是靠运气而不是设计。另外，最近引入缺电子的芳香阳离子进入富电子特性的碘银/铜（Ⅰ）酸盐出现了基于电子转移/电荷转移的光热致变色性质，展现了明显的色度差、快的响应速率和宽的响应速率，在显示、保护、防伪和数据存储等领域具有潜在的应用价值。目前，该领域仍没有系统的总结和分析。因此，结合作者和其他课题组前期的大量研究工作，本书后面章节主要着重从模板/结构导向剂的作用及进展，碘银/铜（Ⅰ）酸盐无机骨架的构筑规律、结构导向规律、功能化以及构效关系进行介绍，为未来新型杂化材料的可控合成和功能扩展提供一定的指导作用。

1.2 超分子化学和晶体工程

20 世纪 80 年代，C. J. Pedersen、D. J. Cram 和 J. M. Lehn 三位科学家因在超分子化学理论方面的开创性工作获得了诺贝尔化学奖[33,34]。2016 年，诺贝尔化学奖再次授予超分子化学领域，以表彰 Stoddart、Sauvage 和 Feringa 三位科学家在分子机器设计与合成领域的杰出贡献，为超分子化学今后的发展开启了一个新的篇章[35]。超分子化学（supermolecular chemistry）也可以认为是超越分子水平的化学，是指两种或两种以上的化学物种通过弱相互作用缔结在一起，是具有更高的复杂性和特定组织性的化学，其主要研究内容包括：分子识别、模板、自组装、晶体工程、分子器件和其他功能材料等。其中，分子识别是指主体对客体的选择性结合和随之产生具有特定结构或光、电、磁学等功能的过程，并在超分子领域占据着非常重要的地位。同时，分子识别也是自组装和晶体工程的基础，前者是在识别的基础上通过主客体间的弱相互作用自发地组装成超分子结构，而后者则是科学家们利用人为设计的策略和手段并在分子识别的基础上合成出具有独特结构和功能的材料[36-39]。这些非共价相互作用大致包括：传统的静电作用、N—H…O 和 O—H…O 氢键、π…π 堆积（面面、边面）和疏水相互作用等较强的作用，还扩展到许多大家共同认知的较弱的相互作用，如：C—H…N、C—H…O、N—H…X 和 C—H…X 氢键，N—H…π、O—H…π 和 C—H…π 作用，甚至 X-X 和 M-M 等弱的相互作用[40-44]。尽管这些非共价作用相比共价键比较弱，但是在晶体堆积以及分子识别方面却发挥着非常重要的作用。

20 世纪 60 年代，“晶体工程”（crystal engineering ）这一术语首次由 Schmidt 使用，初衷是想设计有机分子让其有序地排列出特定的晶体结构，并且能在晶态条件下发生化学反应[45]。目前，晶体工程学通常是指通过分子堆积理解分子间的作用力，并设计和制备出具有种类多样、特定物理和化学性质的新晶体，其也是分子工程学的一个非常重要的组成部分。它主要涉及分子和化学基团在晶体中的行为、晶体结构与功能的设计与调控及预测，是实现分子到材料的一个重要途径。同时，X 射线晶体学能对结构单元中分子间相互作用提供明确和可靠的数据，为超分子化学合成与应用奠定了坚实的基础。如果说分子是原子利用共价键连接而成，那么结晶态的无机-有机杂化物就是两者组分间通过非共价键相互作用自组装而成，其排列具有周期性，最终形成宏观尺度的晶体[46]。近年来，随着晶体工程理论的不断深入研究及其在分子识别、分子器件和分子材料的研发过程中的广泛应用，晶体工程已成为设计与组装各种具有光、电、磁、吸附、催化、离子交换、分离等新功能材料的主要合成策略[47-49]。

1.3 卤金属酸盐骨架结构依赖的性能调变

卤金属酸盐具有优异的半导体特性、高的极化能力和可调的性能，使其在功能材料的构建方面展现了美好的前景[50-52]，这也使得阐述结构导向机制规律和实现卤金属酸盐可控设计显得尤为重要。

1994 年，D. B. Mitzi 和 C. A. Feild 小组制备了一类无机-有机杂化卤化物钙钛矿层：$(C_4H_9NH_3)_2(CH_3NH_3)_{n-1}Sn_nI_{3n+1}$（$C_4H_9NH_3^+$ =正丁胺阳离子，$CH_3NH_3^+$ =甲胺阳离子），随着层数 n 的增加，展现了从半导体到金属行为的转变趋势（图 1-3）[53]。这种途径证明通过合理选择钙钛矿矩阵和有机调节层对于合理裁剪有趣的导电材料是有价值的。1999 年，D. B. Mitzi 小组使用无机-有机杂化材料作为半导体通道组装了有趣的半导体晶体场效应晶体管。半导体钙钛矿旋涂薄膜形成半导体通道，具有 $0.6cm^2/(V \cdot s)$ 的场效应迁移率，电流调变高达 10^4。更重要的是，便宜和低温加工技术使得无机-有机半导体晶体场效应晶体管可能适合应用于低成本、大面积和可塑性的基底材料[54]。2009 年，中国科学院福建物质结构研究所陈玲课题组在碘铅酸盐和碘铋酸盐综述中提议一个经验性的 M/r 值（无机组分的聚集密度）去评估碘金属酸盐的性质，发现当 M/r 值持续增加时，碘金属酸盐杂化物的带隙呈现降低趋势，这与杂化物出现的颜色变化和电子结构分析一致。该提议为合理设计和合成新颖的碘金属酸盐杂化物提供了一个视角[55]。

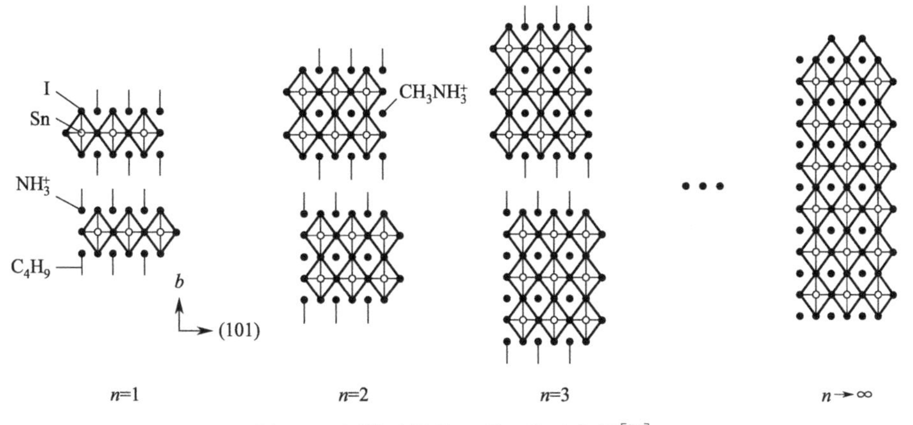

图 1-3 钙钛矿层从 1 到∞的示意图[53]

2008 年，S. Mishra 和 S. Daniele 小组使用$[Y(DMF)_8]^{3+}$、$[Y(DMSO)_8]^{3+}$或$[Y(DMSO)_7]^{3+}$溶剂化阳离子作为结构导向剂合成了一系列新颖的碘银酸盐杂化物，其阴离子结构分别为零维三核的 $Ag_3I_6^{3-}$ 簇、双核的 $Ag_2I_5^{3-}$ 簇、四核的 $Ag_4I_8^{4-}$ 簇和一维的 Z 字形 $[Ag_6I_9]_n^{3n-}$ 链，展

现了有趣的单晶-单晶转换和结构依赖的荧光性质[56]。具有零维阴离子结构的化合物$[Y(DMF)_8][Ag_3I_6]$和$[Y(DMSO)_8]_2[Ag_4I_8][I]_2$的最大发射带位于688nm，而一维阴离子链状结构$[Y(DMF)_8][Ag_6I_9]^1_\infty$的最大发射带位于495nm，这种荧光发射行为的差异性归因于不同的无机组分结构（如一维Z字形阴离子链 vs 三核/四核簇）。

2017年，C. Zhou等人使用相同的有机组分（$C_4N_2H_{14}Br_2=N,N'$-二甲基乙二铵二溴盐）和无机组分（$SnBr_2$，二溴化锡），通过调变反应物的比例和合成条件获得了两例低维数有机溴化锡钙钛矿杂化物：一维$(C_4N_2H_{14})SnBr_4$和零维$(C_4N_2H_{14}Br)_4SnBr_6$[57]。如图1-4(a)所示，在环境和紫外照射下，两个化合物中，淡黄色针状的一维$(C_4N_2H_{14})SnBr_4$杂化物是非发光的，而无色块状的零维$(C_4N_2H_{14}Br)_4SnBr_6$杂化物表现出黄色荧光特性。有趣的是，随着紫外照射时间延长，非发射的一维溴化锡钙钛矿变成亮黄色发射，并随着曝光时间的增加发射亮度明显加强［图1-4(b)］。进一步结晶学分析、光谱测试和分子动力学模拟表明上述现象归因于光诱导的结构从一维到零维的转变。这一发现不仅拓展了无机-有机杂化材料结构组装的可控性，更帮助人们对钙钛矿材料的光稳定性得到更深入的理解。

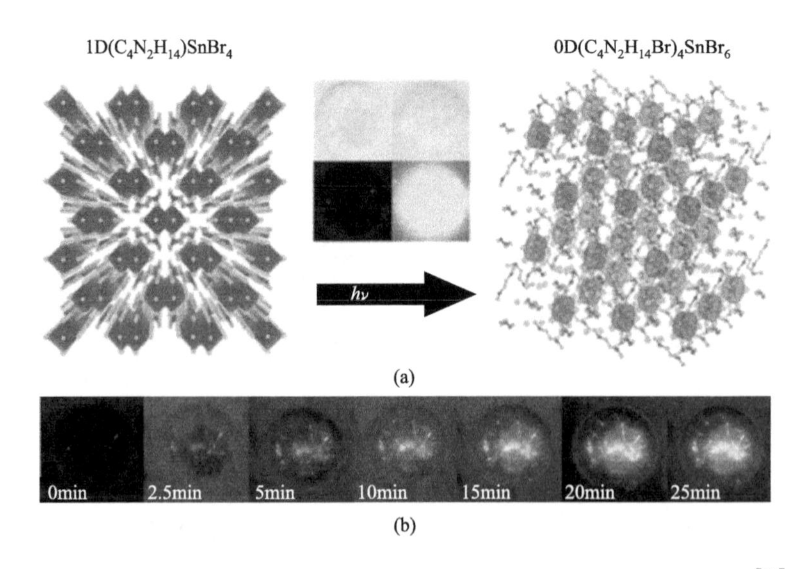

图1-4　(a) 维数依赖的光致发光行为；(b) 结构转变及光致发光示意图[57]

2017年，L. Mao等人使用乙胺阳离子（EA^+）导向合成了第一例具有可调白光发射的多层二维钙钛矿：$EA_4Pb_3X_{10}$（X=Cl和Br）[58]。由于乙胺阳离子相比甲胺阳离子具有更大的尺寸，使得钙钛矿层具有更严重的结构扭曲，其中更小的 Cl^- 阴离子变得更加显著。大扭曲程度的化合物 $EA_4Pb_3Cl_{10}$ 和小扭曲程度的化合物 $EA_4Pb_3Br_{10}$ 导致光致发光发射带宽：$EA_4Pb_3Cl_{10}$ 具有一个宽的白光发射带，而 $EA_4Pb_3Br_{10}$ 具有一个窄的蓝色发射带（图 1-5）。进一步通过控制卤素的比例能有效地调节光致发光性质（$EA_4Pb_3Br_{10-x}Cl_x$，$x=0$、2、4、6、8、9.5 和 10），且显色指数（CRI）连续提高［从 66（$EA_4Pb_3Cl_{10}$）到 83（$EA_4Pb_3Br_{0.5}Cl_{9.5}$）］，表明该类杂化物具有高的可调节性和明显的结构与光致发光性能相关性。该研究结果对于固态照明领域具有重要的意义。

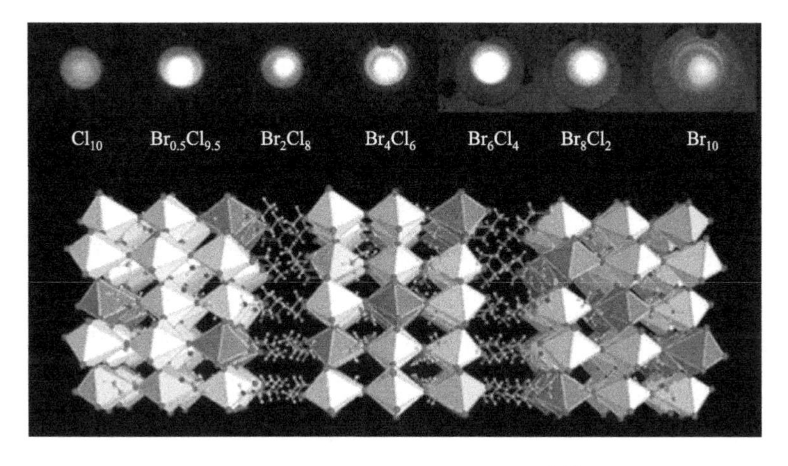

图 1-5　组成依赖的光致发光行为[58]

2014 年，张献明小组使用双烷基化三乙烯二胺阳离子作为结构导向剂，合成了两个具有微孔特征的层状异构体：$[deDABCO]_2[meDABCO]Cu_{11}I_{17}$（deDABCO＝$N,N'$-二乙基-1,4-三乙烯二胺，meDABCO＝$N$-甲基-$N'$-乙基-1,4-三乙烯二胺）。在 α-$[Cu_{11}I_{17}]_n^{6n-}$ 层中，每个 Cu_3I_7 SBU 连接相邻的一个 $[Cu_4I_8]^{4-}$ 单元和两个 $[Cu_6I_{12}]^{6-}$ 单元形成具有 24 元环窗口和 6,3-连接的层；而在 β-$[Cu_{11}I_{17}]_n^{6n-}$ 层中，每个 $[Cu_6I_{12}]^{6-}$ 建筑块连接相邻的两个 $[Cu_4I_8]^{4-}$ 单元和两个 $[Cu_{12}I_{22}]^{10-}$ 单元形成一个（4,4）拓扑层，也具有 24 元环窗口。如图 1-6 所示，两个化合物展现了优异的光降解酸性蓝 9 钠盐亮蓝有机染料的能力，并且由于结构的细微差异性，β-$[Cu_{11}I_{17}]_n^{6n-}$ 层结构比 α-$[Cu_{11}I_{17}]_n^{6n-}$ 层结构表现出更快的光降解酸性蓝 9 钠盐亮蓝染料的能力[59]。该研究结果为卤金属酸盐杂化物应用于高效光催化降解污染物提供了一个新的视角。

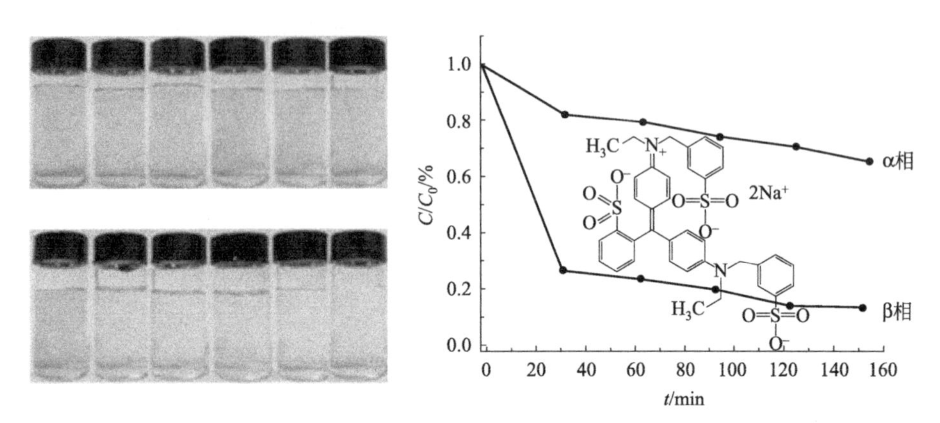

图 1-6　碘铜（Ⅰ）酸盐杂化物光催化降解酸性蓝 9 钠盐染料行为[59]

2012 年，H. Chan 等人使用 4-氰基吡啶/4,4′-联吡啶、碘化亚铜、碘单质、醇、水和乙腈作为反应物，溶剂热反应合成了多维数的碘铜（Ⅰ）酸盐杂化物，其阴离子结构分别为 3D $[Cu_4I_6]_n^{2n-}$ 骨架和 1D $[Cu_2I_4]_n^{2n-}$ 链。作者对化合物的介电行为研究发现，与低维数的链状结构相比，三维的 $[Cu_4I_6]_n^{2n-}$ 骨架和 CuI 展现了高的介电常数和低的介电损耗，表明结构维数对于配聚物的介电性质具有重要的作用[60]。2016 年，G. Xu 小组使用双丙基化三乙烯二胺阳离子结构导向剂合成了第一例基于金属卤化物的晶态纳米管，其由一个未预期的 $[Pb^{II}_{18}I_{54}(I_2)_9]$ 笼状簇组成（图 1-7）[61]。对该化合物的单晶进行电学性能测试，发现具有典型的半导体特性和高的各向异性导电性（沿纳米管的 c 轴方向具有最高的导电性），类似的现象也可以在 2018 年报道的溴铅酸盐体系观察到[62]。

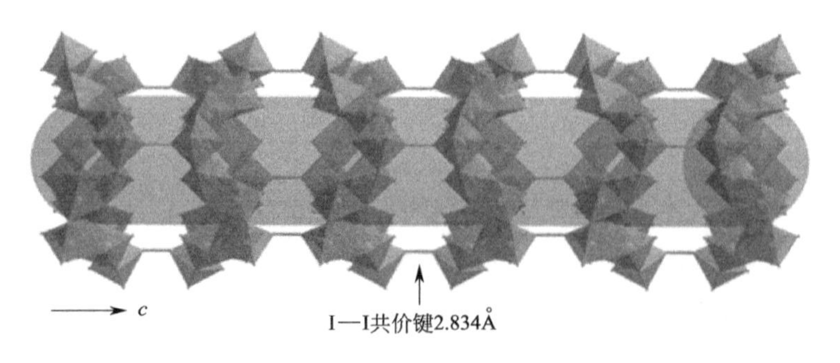

图 1-7　1D 纳米管的构建方式[61]

2017 年，M. Safdari 等人用 1,4-丁二胺二氢碘化物与碘化铅反应获得了两个结构不同的碘铅酸盐杂化物：二维钙钛矿层状[$NH_3(CH_2)_4NH_3$]PbI_4 和一维非钙钛矿链状[$NH_3(CH_2)_4NH_3$]Pb_2I_6，进一步电导率测试显示一维碘铅酸盐杂化物的电导率（5.3×10^{-6}S/cm）仅为二维材料（1.3×10^{-5}S/cm）的一半，表明通过材料内部连接方式的改变能有效调控其电导性质[63]。

2015 年，M. Safdari 等人使用不同长度的烷胺阳离子作为结构导向剂[$CH_3(CH_2)_nNH_3PbI_3$]，合成了三个烷胺-碘铅酸盐杂化物（$APbI_3$），并对杂化物结构与光伏性能的相关性进行了研究。研究结果表明：引入较大体积的阳离子使得无机组分的维数降低（$n=0$ 获得二维阴离子层，而 $n=1$ 或 2 获得一维阴离子链）和 Pb-I 单元间的平均距离增加，导致较低的电导性[64]。更重要的是，如图 1-8 所示，二维层状碘铅酸盐钙钛矿的光伏效率明显高于一维碘铅酸盐链，展现了维数依赖的光伏效率。该研究结果可能对进一步提高类钙钛矿光伏电池的性能和发展新的无铅材料提供一定的导向作用。

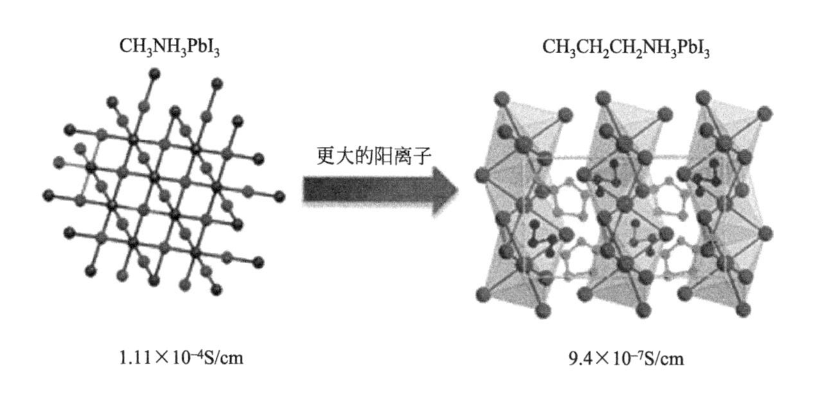

图 1-8 碘铅酸盐维数依赖的光伏效率[64]

2014 年，R. G. Lin 等人使用原位合成的 N,N'-双苯乙基-4,4'-联吡啶鎓盐作为电子受体，获得了两例新型的光致变色氯铋酸盐杂化物：$(BzV)_2[Bi_2Cl_{10}]$和$(BzV)_5[Bi_3Cl_{14}]_2\cdot(C_6H_5CH_2)_2O$，两者阴离子结构分别为双核的 $Bi_2Cl_{10}^{4-}$ 簇和三核的 $Bi_3Cl_{14}^{5-}$ 簇（图 1-9）[65]。进一步实验和理论数据表明无机低聚物的尺寸能显著地影响光响应速率，导致具有三核 $Bi_3Cl_{14}^{5-}$ 簇的化合物具有更快的光响应速率。该研究为设计和合成具有优异性能的光致变色杂化物提供了一个新的方法。

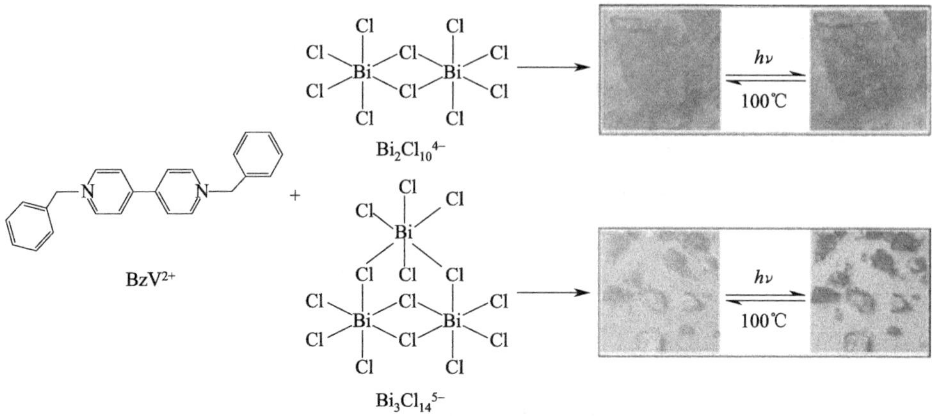

图 1-9　光致变色氯铋酸盐杂化物[65]

第 2 章　模板/结构导向剂的作用及进展

1961 年，Barrer 和 Denny 首次将有机季铵碱引入沸石合成体系，全部或部分地取代无机碱，合成出系列高硅铝比和全硅沸石分子筛[66]。科学家们发现，在合成中有机碱还改变了体系的凝胶化学，尤其是为沸石结构的生成提供了一定的模板作用，因此，当时大家把有机碱称为模板剂。随后，一些不带电荷的有机分子和无机离子等都被用来作结构导向剂，并在分子筛及相关无机微孔材料的合成方面取得了丰硕成果[25,27,67-69]，该模板导向策略在后期也被广泛应用于超分子体系、金属有机骨架(MOF)、介孔/大孔化合物及无机-有机杂化材料领域[16-18,55,70-75]，并在新型结构和功能材料的设计与合成中发挥着无可替代的作用。因此，基于结构导向的新型功能材料的设计与开发及结构导向机制的研究一直备受关注。本章主要总结和探讨有机客体分子在无机骨架构建中的作用，及最近出现的新型结构导向剂类型。

2.1 有机客体分子在无机骨架构建中的作用

2.1.1 模板作用

模板作用是指有机物在无机骨架组装和结晶过程中起着真正的结构模板作用，最终形成具有某种特殊结构的化合物。目前，有些无机骨架只能在极少数或者唯一的模板剂作用下才能成功制备。该情况下，通常有机分子位于无机骨架的孔道或笼中，不能自由地运动，并在几何和电子构型上存在几乎完美的匹配，但这样的例子仍很少。如图 2-1(a) 所示，一个 18-冠醚-6 分子嵌入 $[6^{20}4^{6}]$ 笼，并且尺寸和对称性完美匹配[76,77]。模板作用也能在经典的 ZSM-18 分子筛合成中观察到，三季铵阳离子($C_{18}H_{36}N_3^{3+}$) 位于 MEI 笼中，表现出良好的空间尺寸匹配能力和相同的三重对称性 [图 2-1(b)][78]。随后，基于模板思想，K. D. Schmitt 和 G. J. Kennedy 课题组选用与 $C_{18}H_{36}N_3{}^{3+}$ 三季铵阳离子构象及相似的三季铵阳离子也成功合成了 ZSM-18 分子筛 [图 2-1(c)][79]。

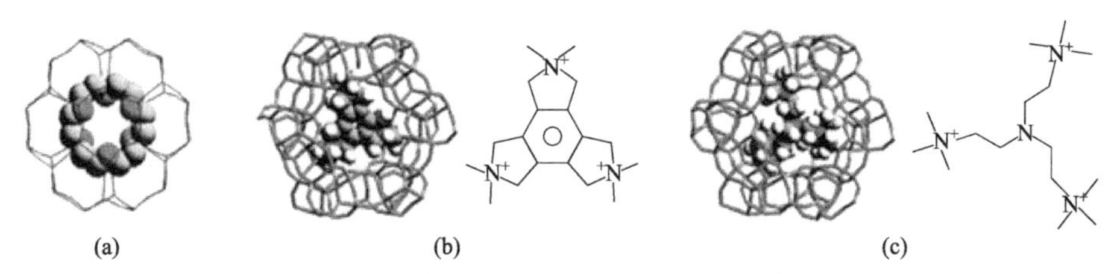

图 2-1 (a) 18-冠-6 嵌入 MCM-61 和 Mu-13 分子筛的 18 元笼内；
(b)、(c) 三季铵盐位于 MEI 笼内（为了清晰仅氧/碳/氮原子展示）[80]

2.1.2 结构导向作用

以有机胺或季铵类为主的有机模板剂在无机骨架的形成过程中主要起结构导向作用，最终决定所形成产物的结构，因此近年来很多报道将模板剂称为结构导向剂。1997 年，Å. Kvick 和 P. A. Wright 课题组用 $[(C_7H_{13}N)(CH_2)_n(NC_7H_{13})]^{2+}$ 有机胺为结构导向剂合成 STA-2 时，发现有机阳离子的大小对于产物中笼或孔道的形成具有明显的影响。当烷基链 n 的个数从 3 到 5 变化时，合成了三种不同笼形结构化合物：AlPO-17 $(4^{12}6^{2}6^{3}8^{6})$，STA-2$(4^{12}6^{2}6^{6}8^{6})$ 和 AlPO-56$(4^{12}4^{3}6^{2}8^{6}8^{3})$，其中三种笼的形状极其相似并都含有 $4^{12}6^{2}8^{6}$ 元环，它们与有机分子的形状和大小很匹配（图 2-2）。该例子中，有机胺作为结构导向剂导向不同笼的生成。当烷基链 $n \geqslant 6$ 时，结构变为含有十二元环一维直孔道的 $AlPO_4$-5[81]。类似地，2007 年，D. G. Billing 小组使用环状单胺阳离子作为结构导向剂导向合成碘铅酸盐杂化物时发现：如果环包含 3～6 个碳原子时，无机组分采取层状钙钛矿结构，而当环上碳原子数为 7 和 8 时，由于位阻效应导致形成 1D 链状结构，表明随着阳离子尺寸的增加，无机组分的维数呈现降低的趋势[82]。

2.1.3 空间填充作用

任何存在于无机骨架中的客体分子或离子都有空间填充作用，能稳定

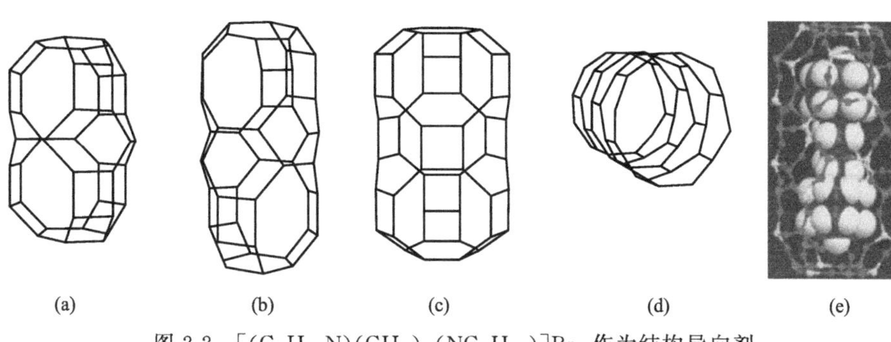

图 2-2 $[(C_7H_{13}N)(CH_2)_n(NC_7H_{13})]Br_2$ 作为结构导向剂，

当 $n=3$、4、5 和 6（或大于 6）时生成的笼或孔道及位置

(a) AlPO-17；(b) STA-2；(c) AlPO-56；(d) $AlPO_4$-5；(e) $[(C_7H_{13}N)(CH_2)_4(NC_7H_{13})]^{2+}$ 结构导向剂在 STA-2 笼中的位置[81]

生成物的结构。最常见的表现就是大量不同尺寸、形状和电荷的有机客体分子对应着相同的无机骨架，起到的结构导向效应比较弱，因此大家认为这些有机客体分子主要起空间填充和电荷平衡的作用。例如：含十二元环直孔道的 $AlPO_4$-5 对应着 85 种不同的结构导向剂[83]。这种现象也常在柔性的碘金属酸盐体系观察到，如：常见的一维 α-$[CuI_2]_n^{n-}$/$[Cu_2I_4]_n^{2n-}$ 阴离子链对应的结构导向剂种类超过 20 种（表 2-1）[60,84-99]。这些结构导向剂并未导致阴离子结构的变化，而是通过静电、空间和氢键等相互作用细微地调变阴离子链的扭曲程度，形成不同的堆积方式。

表 2-1 一维 α-$[CuI_2]_n^{n-}$/$[Cu_2I_4]_n^{2n-}$ 阴离子链对应着多样的结构导向剂

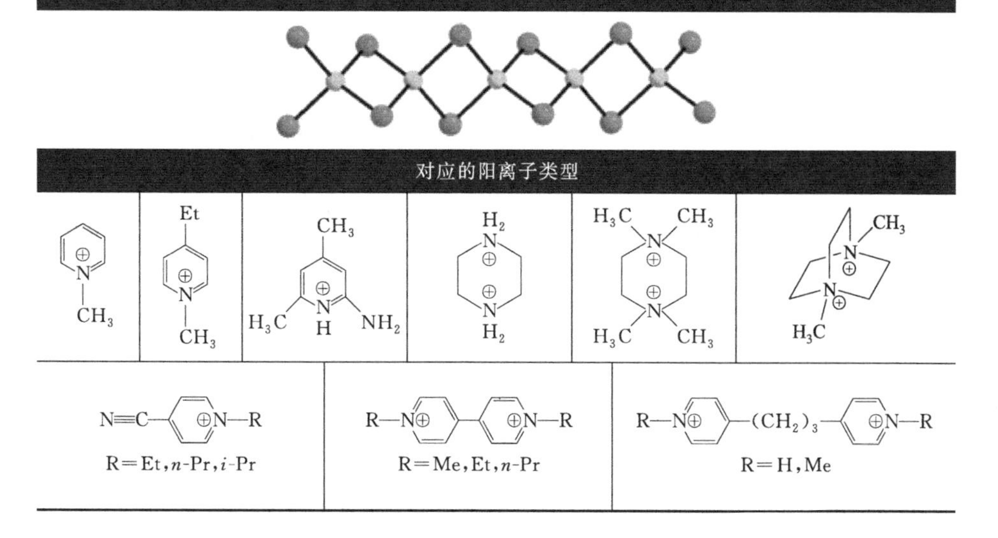

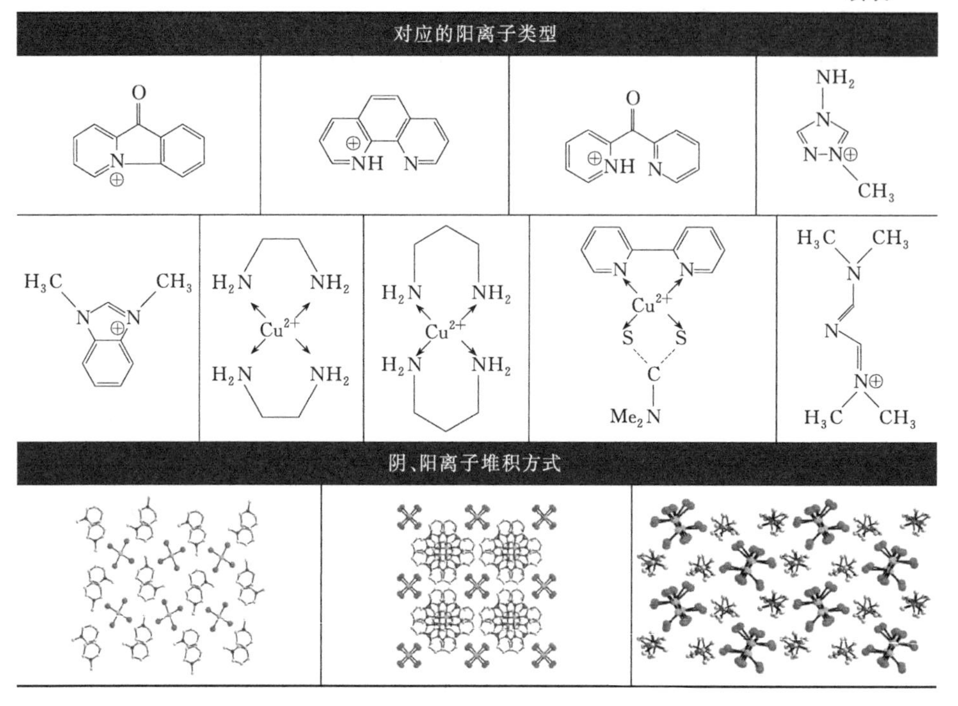

2.1.4 电荷平衡作用

有机阳离子需要匹配阴离子无机骨架的电荷，也可以通过调整无机骨架的结构来实现电荷平衡。在 $AlPO_4$-11 分子筛的合成中，结构导向剂的电荷作用表现得比较突出，只有仲胺作为结构导向剂才能导向生成 $AlPO_4$-11，而尺寸大小相似的伯胺却不能合成 $AlPO_4$-11[100]。

2.1.5 其他作用

①作为抑止剂阻止特定骨架的生成，如：在 ZSM-5 的合成中加入少量的六亚甲基四铵，产物变为光沸石而不是 ZSM-5；②有机胺（铵）存在下，避免引入无机阳离子；③络合作用，促进金属离子的溶解，使其容易进入骨架。

2.2 新型结构导向剂的使用

相比传统的离散季铵盐阳离子，一些新型阳离子的出现在无机骨架的构建和新型功能材料的设计方面取得了很大的进展，主要有以下几方面。

2.2.1 新型离散季铵阳离子

2003 年，M. E. Davis 小组在 *Nature* 杂志上报道了一类新的有机胺阳离子（图 2-3）。通过环酮与乙二醇缩合形成缩醛分子作为结构导向剂合成工业上最常用沸石 ZSM-5，而沸石一旦结晶，缩醛分子又能在酸性介质中水解形成起始状态的小有机片段，提取和用于再次合成[101]。该方法能避免有机结构导向剂煅烧增加的成本，实现可重复利用。2004 年，E. R. Cooper 等人在 *Nature* 杂志上报道了使用咪唑离子液体作为溶剂和有机结构导向剂，在大气压力下合成分子筛[102]。相比传统的在高压条件下制备分子筛，大气压力下合成最重要的是更加安全。基于离子热方法，多样的新型沸石材料和多样的杂化材料被构建出来。

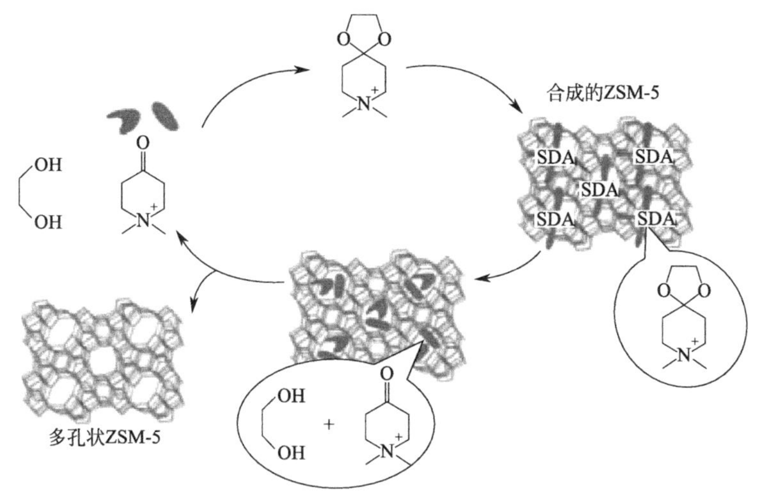

图 2-3 使用环酮分子合成 ZSM-5 分子筛的示意图[101]

2.2.2 共模板

两种或多种不同客体分子在最终结构形成过程中共同发挥导向效应，如：2008 年，Q. Pan 等人使用 $(H_2O)_{16}$ 簇和 2-甲基哌嗪共模板协同导向合成了一例由 $6^8 12^6$ 笼构建的锗酸盐骨架（图 2-4）[103]。结构分析发现：①$(H_2O)_{16}$ 簇位于 $6^8 12^6$ 笼中并具有相似的对称性，表现出明显的结构导向作用。②2-甲基哌嗪也扮演了重要的结构导向作用：第一个 2-甲基哌嗪分子位于 12 元环窗口使得四个 Ge7 簇聚集在一起；第二个 2-甲基

哌嗪位于 $6^8 12^6$ 笼中并通过氢键作用连接到 Ge7 簇；第三个 2-甲基哌嗪位于相邻的管间，通过氢键把相邻的管连接起来；第四个 2-甲基哌嗪位于两个来自相邻管的六元环之间，并与管之间存在弱的相互作用。2016 年，A. Turrina 等人使用共模板策略导向合成了 AFX（SAPO-56）、SFW（STA-18）和 GME（STA-19）磷酸硅铝分子筛，研究结果表明三甲胺阳离子作为 SDA 易于形成 gme 笼，而双三乙烯二胺烷链阳离子或三乙烯二胺季铵盐低聚物作为 SDA 易于形成第二种笼（如 aft 和 sfw）或 12 元环孔道，这种共模板策略为其他具有两种不同笼的材料合成提供了可能[104]。

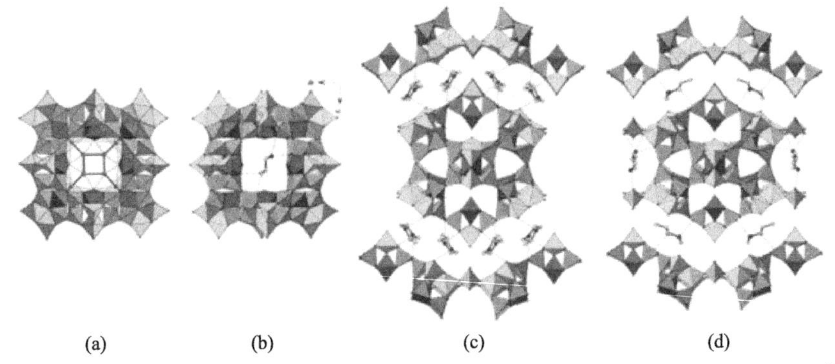

图 2-4　(a)、(b)$(H_2O)_{16}$ 簇位于 $6^8 12^6$ 笼中；(c)、(d) 2-甲基哌嗪与骨架的关系[103]

2.2.3　超分子结构导向剂

有机分子间通过弱相互作用（如氢键、π…π 相互作用、疏水相互作用等）发生自组装形成超分子结构导向剂。不同于传统离散结构导向剂，超分子结构导向剂不仅在单分子层面上发挥导向效应，更重要的是其在超分子层面上的协同导向能力，尤其是对称性转移。使用该类结构导向剂成为当前功能材料设计与合成过程中的一个重要手段。

2004 年，A. Corma 课题组借助芳香分子间 π…π 相互作用自组装形成的超分子结构导向剂合成了一系列 LTA 结构，具有宽范围的骨架 Si/Al 比例，甚至具有纯硅骨架结构的 ITQ-29 分子筛，其作为催化剂能实现甲醇到烯烃的转化（图 2-5）[105]。作者也试图去寻找更大的单一有机胺阳离子去满足纯硅骨架的电荷需求和空间填充效应，但是如此大的有机分子很难想象出来。2014 年和 2015 年，R. Martíne z-Franco 等人又把超分子自组装的结构导向剂策略用于磷酸盐体系，合成了具有小孔径的磷酸硅铝分子筛 STA6 和具有孤立 Si 片段的 SAPO-42[106,107]。这些化合物展现了有趣的超分子结构导向剂和骨架笼的尺寸与形状相关性。2008 年，L. Gómez-Hortigüela 课题组借助荧光、热重和分子结构计算手段，提议一个结晶机理：成核阶段存在二聚体，而晶体生成时同时嵌入 SDA 单体与水（BP 和氟代衍生物）或 SDA 二聚体（BPM）[108]。

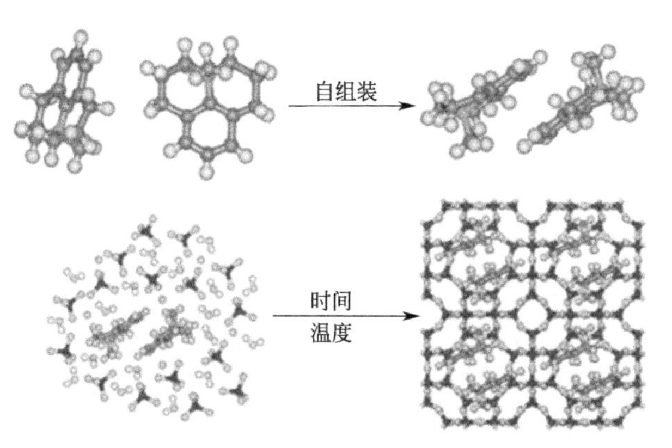

图 2-5　超分子自组装有机结构导向剂用于沸石合成[105]

2009 年，张献明课题组通过溶剂热反应产生三个同构的单一手性金属草酸盐骨架$[(Me_2NH_2)_3SO_4]_2[M_2^{II}(ox)_3]$($Me_2NH_2^+$ = 二甲胺阳离子)，其具有（10,3）拓扑网络（图 2-6）。单晶结构分析表明，DMF 分子热分解产生的二甲胺阳离子与硫酸根离子通过静电和氢键相互作用形成 D_3 对称性的超分子阳离子，与手性 $[M_2^{II}(ox)_3]$ 中的 D_3 对称性笼展现了很好的匹配作用[109]。2011 年，Zhang X 等人报道了两个手性的硒化铟杂化物。单晶结构分析表明，Δ 型的$[M(phen)_3]^{2+}$阳离子导向形成 R-螺旋的一维 InSe 阴离子或 Λ 型的$[M(phen)_3]^{2+}$阳离子导向形成 L-螺旋链[110]。同时，作者对自选择手性阴离子链和配阳离子的驱动力进行了探讨，发现$[M(phen)_3]^{2+}$阳离子具有相同的空间取向，允许其通过 π…π 相互作用形成手性空间，进一步阴离子占据，阴、阳离子具有良好的手性空间匹配性。弱的 C—H…Se 相互作用也应该对阴阳离子手性识别有贡献。

2013 年，H. Y. Lin 等人在 *Science* 杂志上报道，利用一系列不同碳链的脂肪胺（从 C_4 到 C_{18}），借助脂肪胺的疏水作用形成阳离子微胶束作为模板剂[111]，在磷酸盐体系导向合成出 24R→28R→40R→48R→56R→64R→72R 的孔道（图 2-7），实现了从微孔到介孔的连接。该研究为孔状材料的构建提供了一个有效的策略。类似于上述思想，2016 年徐刚小组使用双丙基化三乙烯二胺阳离子，借助阳离子上丙基的疏水作用形成阳离子柱作为模板

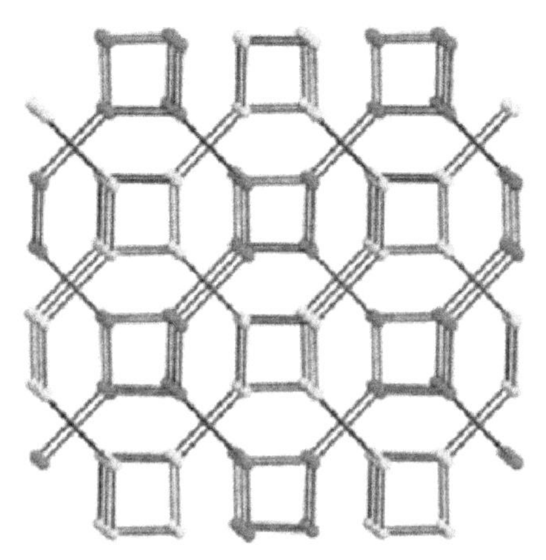

图 2-6　阴阳离子（10,3）-a 相互穿插示意图[109]

剂，进而协同导向合成了第一例由未预期的巨大[$Pb^{II}_{18}I_{54}(I_2)_9$]轮簇构建的金属卤化物基晶态纳米管，实现了轮簇和纳米管两个不同研究领域的连接，并且该化合物展现了高的各向异性电导特性[61]。

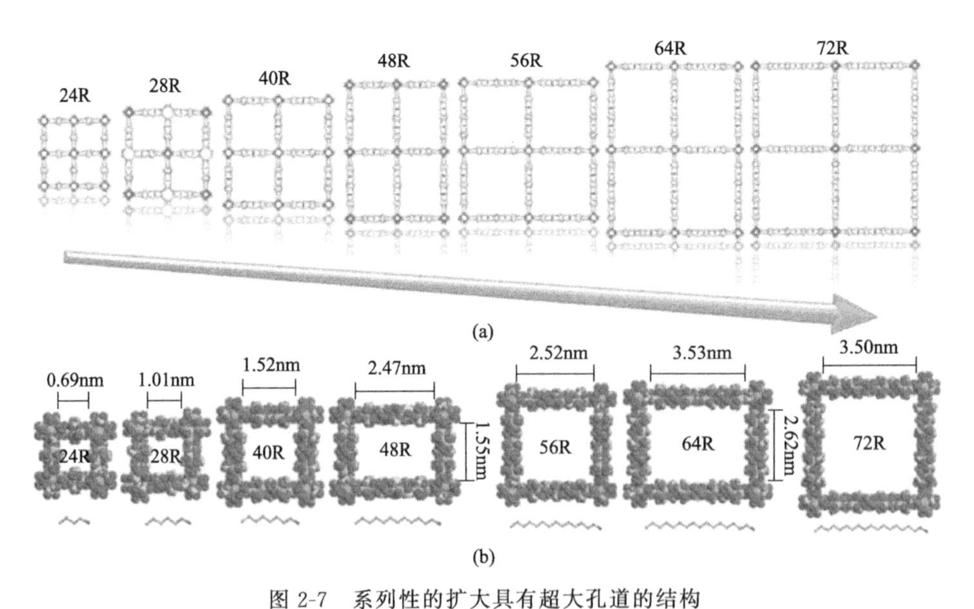

图 2-7　系列性的扩大具有超大孔道的结构

（a）孔道尺寸从 24 元环到 72 元环；（b）孔直径从微孔到介孔［具有不同碳链长度（从 4 个碳原子到 18 个碳原子）的单烷胺作为模板］[111]

2.2.4　电子受体类芳香阳离子

为了满足功能材料的需求，功能型阳离子的使用也成为近些年材料科学领域的一个新动态，特别是具有电子接受能力的芳香阳离子，不仅在结构导向方面发挥作用，而且与无机组分间常发生分子间的电子转移和电荷转移，有效地调变杂化物的能带并随之产生了多样的新型功能材料。一些代表性成果如下：

2007 年，郭国聪小组使用甲基紫精阳离子作为 SDA 和电子受体与金属卤化物杂化形成了一类新型的光致变色紫精杂化物：(MV) Bi_2Cl_8 (MV^{2+} =甲基紫精)[112]。在紫外光照射下，黄色单晶变为黑色，光照后样品进一步加热又能回到起始状态［图 2-8(a)］。作者首次对光前和光后样品的紫外-可见吸收光谱、EPR 和单晶结构对比分析表明，变色机理归因于无机组分到紫精阳离子的电子转移形成有色自由基，并且紫精分子和紫精自由基的键长发生显著变化。2013 年，J. Wu 等人把该类阳离子引入磷酸锌体系合成了一个具有 12 元环孔道的新型开放骨架，并展现了多重光活性性能[113]，如：紫外刺激响应的光致变色、光伏性质和荧光开关［图 2-8(b)］。2017 年，J. H. Li 等人首次使用质子化的 2,4,6-三(4-吡啶基)-1,3,5-三嗪(H_3TPT^{3+}) 阳离子作为结构导向剂和电子受体，合成了一个对紫外光和太阳光具有快速响应的光致变色磷酸锌层状杂化物[114]。

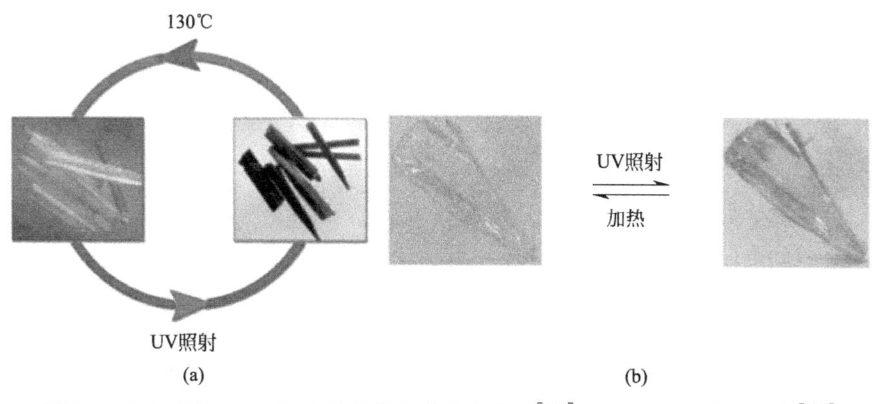

图 2-8 (a) (MV)Bi_2Cl_8 杂化物的光致变色性质[112]；(b) JU98 光致变色[114]

2011 年，Y. Chen 等人使用 4-氰基吡啶和 4，4-联吡啶原位烷基化阳离子作为结构导向剂导向合成了一系列的碘铅酸盐杂化物，发现把具有电子接受能力的芳香阳离子引入 PbI_2 体系能明显地降低能带和介电常数，可能作为低介电材料应用于微电子领域[115]。该合成方法可能被应用于制备其他低维数电荷转移吡啶盐/碘金属酸盐杂化物，表现出多样新颖的结构和低介电常数特征。2017 年，C. Sun 等人使用原位烷基化生成的甲基紫精阳离子（MV^{2+}）作为结构导向剂和电子受体，获得了一例罕见的3D卤铅酸盐骨架：$\{(MV)_2[Pb_7Br_{18}]\}_n$，该化合物展现了有趣的电子转移热致变色现象和开关电导特性[116]。该工作不仅对半导体的电子性质调变提供了一个有效的策略，而且可以促进过温颜色指示器、电路过载保护器和光伏材料的发展。2018 年，A. García-Fernandez 等人使用双咪唑阳离子作为结构导向剂合成了三个卤铋酸盐：$[Dim]_2[Bi_2X_{10}]$（X=Cl^-、Br^-或I^-），其中溴化物和碘化物展现了有趣的热致变色现象（图 2-9）[117]，计算结果表明双咪唑阳离子对热致变色响应起着关键作用。

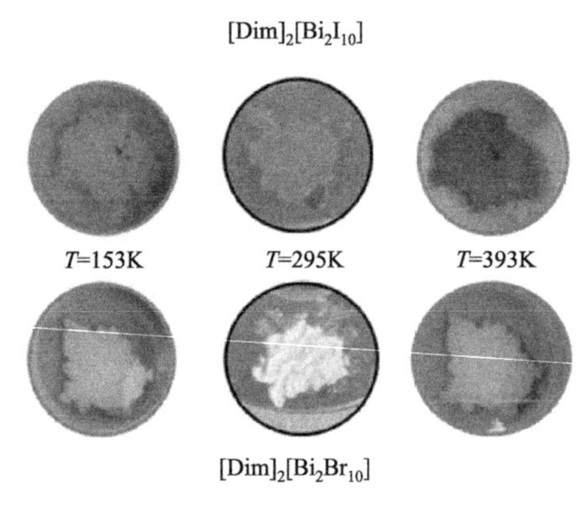

图 2-9　双咪唑阳离子导向卤铋酸盐杂化物的热致变色行为[117]

2017 年，G. N. Liu 等人使用具有不同导向能力和疏水作用的原位质子化/烷基化苯并噻唑和 2-氨基苯并噻唑导向形成了四个链状的碘银酸盐杂化物[118]。尤其是（Etbtz）（AgI_2）展现了良好的 SHG（二次谐波产生）效率和高的水稳定性，可能在光电技术领域有潜在应用。作者通过详细的对比研究表明具有不同疏水基团的结构导向剂对杂化物的水稳定性具有极大的影响，不含亲水基团的结构导向剂（如—NH_3^+、═NH_2^+、—NH_2、═NH^+）更易于形成相对稳定的卤金属酸盐杂化物。该结果为具有提高的水稳定新型卤金属酸盐功能材料的开发提供了一个新的途径，如：水稳定性钙钛矿型光敏化太阳能电池。2016 年，雷晓武和岳呈阳小组使用过渡金属配阳离子作为结构导向剂，合成了六个不同结构类型的溴铅酸盐杂化物，并展现了良好的可见光降解罗丹明 B、甲基橙和结晶紫[119]性质。DOS 计算表明，过渡金属配阳离子的引入由于对导带的贡献使得杂化物具有窄的半导体带隙，并且光激发产生的电子容易从 2D $[Pb_5Br_{13}]^{5-}$层（VB）转移到$[Co(2,2\text{-bipy})_3]^{3+}$阳离子（CB），有效地阻止了电子和空穴的重组，进一步促进了溴铅酸盐杂化物的光催化活性。

从超分子化学的视角来看，模板为客体，无机骨架为主体，主客体间通过相互匹配、识别实现自组装，进而形成目标产物。目前，虽然大量具有不同特征的有机阳离子作为结构导向剂被用于无机骨架的构建，并在结构导向剂与无机骨架的相关性方面取得了一定的进展，但是真正意义的模板仍比较少见，大多数情况下仅在不同程度上发挥着结构导向作用。显而易见，模板理论和作用机制的研究仍有待完善，这能进一步促进以功能为导向的新型材料的可调控设计。相比传统的离散有机结构导向剂，新型超分子结构导向剂的出现不仅极大地丰富了导向剂的类型和展现了良好的协同导向能力（尤其是对称性匹配），而且在无机骨架材料的构建和新型功能材料的开发方面展现了迷人的前景。很明显，合理选择具有特定结构和电子特性的有机阳离子，借助分子间的弱相互作用形成多样的超分子结构导向剂，深入地研究其导向机制有助于功能材料的定向设计与合成。

第3章　碘银/铜(Ⅰ)酸盐无机骨架的构筑规律

通常，在碘银/铜（Ⅰ）酸盐杂化物中，银/铜（Ⅰ）离子基本都采取四面体配位环境。更有趣的是，这些简单的 AgI_4/CuI_4 四面体展现了高的自组装特征，且可以通过共角、共边和共面的模式产生多样的次级建筑单元（SBUs）。这些 SBUs 进一步作为构筑块延伸成不同维数的阴离子结构，包括零维（0D）簇、一维（1D）链、二维（2D）层和三维（3D）骨架。另外，需要提及的是本章中并未对混合价态、配位和严重无序的阴离子骨架进行描述。

3.1 零维碘银/铜(Ⅰ)酸盐阴离子簇

目前，使用最简单的 MI_3 三角形或 MI_4 四面体作为构筑块，组装形成了大量的离散 0D 阴离子簇（如表 3-1），包括：双核的 $[M_2I_4]^{2-}$、$[M_2I_5]^{3-}$ 和 $[M_2I_6]^{4-}$ 阴离子簇；三核的 $[M_3I_6]^{3-}$ 和 $[M_3I_7]^{4-}$ 阴离子簇；四核的 $[M_4I_6]^{2-}$、$[Cu_4I_7]^{3-}$、$[M_4I_8]^{4-}$ 和 $[Ag_4I_{12}]^{8-}$ 阴离子簇；五核的 $[Cu_5I_7]^{2-}$ 阴离子簇；六核的 $[Ag_6I_8]^{2-}$、$[Cu_6I_9]^{3-}$、$[Cu_6I_{10}]^{4-}$、$[M_6I_{11}]^{5-}$ 和 $[Ag_6I_{12}]^{6-}$ 阴离子簇；七核的 $[Cu_7I_{10}]^{3-}$ 和 $[Cu_7I_{11}]^{4-}$ 阴离子簇；八核的 $[M_8I_{13}]^{5-}$、$[Cu_8I_{14}]^{6-}$ 阴离子簇；十三核的 $[Cu_{13}I_{14}]^{-}$ 阴离子簇；十四核的 $[Ag_{14}I_{22}]^{8-}$ 阴离子簇；二十二核的 $[Ag_{22}I_{34}]^{12-}$ 阴离子

簇；三十六核 $[Cu_{36}I_{56}]^{20-}$ 阴离子簇。这些 0D 阴离子簇具有两个特点：①多样的异构现象；②部分高核簇可以看作是由相同或不同的低核簇组合而成。

表 3-1 代表性的 0D 阴离子碘银/铜（Ⅰ）酸盐阴离子簇（标记为 0A）

编号	分子式	构筑块	共用模式	配位数(I)	参考文献
0A-1	$[M_2I_4]^{2-}$	MI_3 三角形	ESM	1,2	[120,121]
0A-2	α-$[M_2I_5]^{3-}$	MI_4 四面体	FSM	1,2	[56,122,123]
0A-3	β-$[Cu_2I_5]^{3-}$	CuI_3 三角形	VSM	1,2	[124]
0A-4	$[M_2I_6]^{4-}$	MI_4 四面体	ESM	1,2	[125,126]
0A-5	α-$[M_3I_6]^{3-}$	$[M_2I_6]^{4-}$ 簇(0A-4)$^{+}$ MI_4 四面体	FSM	1～3	[127,128]
0A-6	β-$[Cu_3I_6]^{3-}$	β-$[Cu_2I_5]^{3-}$ 簇(0A-3)＋CuI_3 三角形	VSM	1,2	[129]
0A-7	γ-$[Cu_3I_6]^{3-}$	α-$[Cu_2I_5]^{3-}$ 簇(0A-2)＋CuI_3 三角形	ESM	1～3	[130]
0A-8	α-$[Ag_3I_7]^{4-}$	AgI_3 三角形	VSM	1,3	[131]
0A-9	β-$[Ag_3I_7]^{4-}$	α-$[Ag_2I_5]^{3-}$ 簇(0A-2)＋AgI_4 四面体	ESM	1～3	[132]
0A-10	$[Cu_3I_7]^{4-}$	CuI_4 四面体＋CuI_3 三角形	ESM	1～3	[133]
0A-11	$[M_4I_6]^{2-}$	MI_3 三角形	VSM	2	[120,134,135]
0A-12	α-$[Cu_4I_7]^{3-}$	α-$[Cu_2I_5]^{3-}$ 簇(0A-2)＋CuI_3 三角形	ESM (*cis*)	1～3	[136]
0A-13	β-$[Cu_4I_7]^{3-}$	α-$[Cu_2I_5]^{3-}$ 簇(0A-2)＋CuI_3 三角形	ESM (*trans*)	1～3	[137]
0A-14	α-$[M_4I_8]^{4-}$	MI_4 四面体	ESM	1,3	[56,138]
0A-15	β-$[M_4I_8]^{4-}$	$[M_2I_6]^{4-}$ 簇(0A-4)＋ MI_3 三角形	ESM	1,2	[98,120]
0A-16	γ-$[M_4I_8]^{4-}$	[α-$M_2I_5]^{3-}$ 簇(0A-2)	ESM	1～3	[56,139]
0A-17	δ-$[Ag_4I_8]^{4-}$	$[Ag_2I_6]^{4-}$ 簇(0A-4)	ESM	1～3	[140]
0A-18	δ-$[Cu_4I_8]^{4-}$	α-$[Cu_2I_5]^{3-}$ 簇(0A-2)＋$[Cu_2I_4]^{2-}$ 簇(0A-1)	ESM	1～3	[97]
0A-19	$[Ag_4I_{12}]^{8-}$	AgI_4 四面体	VSM	1,2	[125]
0A-20	$[Cu_5I_7]^{2-}$	CuI_4 四面体	FSM	2,5	[141]
0A-21	$[Ag_6I_8]^{2-}$	$[Ag_2I_6]^{4-}$ 簇(0A-4)＋AgI_3 三角形	ESM	2,4	[142]
0A-22	α-$[Cu_6I_9]^{3-}$	α-$[Cu_3I_6]^{3-}$ 簇(0A-5)	ESM	2,3,5	[135]
0A-23	β-$[Cu_6I_9]^{3-}$	α-$[Cu_4I_8]^{4-}$ 簇(0A-14)＋CuI_3 三角形	ESM	1～4	[135]
0A-24	α-$[Cu_6I_{10}]^{4-}$	β-$[Cu_3I_6]^{3-}$ 簇(0A-6)	ESM	1,2	[143]
0A-25	β-$[Cu_6I_{10}]^{4-}$	γ-$[Cu_4I_8]^{4-}$ 簇(0A-16)＋CuI_3 三角形	ESM	1～3	[144]
0A-26	γ-$[Cu_6I_{10}]^{4-}$	β-$[Cu_3I_6]^{3-}$ 簇(0A-6)	ESM	1～3	[126]
0A-27	δ-$[Cu_6I_{10}]^{4-}$	α-$[Cu_3I_6]^{3-}$ 簇(0A-5)	ESM	1～3	[145]
0A-28	α-$[M_6I_{11}]^{5-}$	MI_4 四面体	ESM	1,3,4	[146-148]
0A-29	β-$[Ag_6I_{11}]^{5-}$	α-$[Ag_4I_8]^{4-}$ 簇(0A-14)＋$[Ag_2I_6]^{4-}$ 簇(0A-4)	ESM	1～4	[120]

续表

编号	分子式	构筑块	共用模式	配位数(I)	参考文献
0A-30	$[Ag_6I_{12}]^{6-}$	$[Ag_3I_7]^{4-}$ SBU	ESM	1～3	[149]
0A-31	$[Cu_7I_{10}]^{3-}$	CuI_4 四面体	ESM FSM	2,3,7	[150]
0A-32	$[Cu_7I_{11}]^{4-}$	α-$[Cu_3I_6]^{3-}$簇(0A-5)+α-$[Cu_4I_8]^{4-}$簇(0A-14)	ESM	1～5	[135]
0A-33	$[M_8I_{13}]^{5-}$	MI_4 四面体	ESM	2,8	[151,152]
0A-34	$[Cu_8I_{14}]^{6-}$	α-$[Cu_2I_5]^{3-}$簇(0A-2)	ESM	1～3	[98]
0A-35	$[Cu_{13}I_{14}]^{-}$	CuI_3 三角形+CuI_4 四面体	ESM FSM	2,3,7	[153]
0A-36	α-$[Ag_{14}I_{22}]^{8-}$	$[Ag_7I_{12}]^{5-}$ SBU	ESM	1～4	[154]
0A-37	β-$[Ag_{14}I_{22}]^{8-}$	$[Ag_7I_{12}]^{5-}$ SBU	ESM	1～5	[120]
0A-38	$[Ag_{22}I_{34}]^{12-}$	$[Ag_{11}I_{18}]^{7-}$ SBU	ESM	1～4	[155]
0A-39	$[Cu_{36}I_{56}]^{20-}$	$[Cu_3I_7]^{4-}$ SBU+CuI_4 四面体	ESM	2,3	[156]

注：配位数(I)表示碘离子的配位数；M=Ag(Ⅰ)和Cu(Ⅰ)；“VSM/ESM/FSM”表示“共顶点/共边/共面”模式。

3.1.1 双核 $[M_2I_4]^{2-}$、$[M_2I_5]^{3-}$ 和 $[M_2I_6]^{4-}$ 阴离子簇

目前，双核阴离子簇有四种结构类型。其中，最简单和最常出现的双核阴离子簇是 $[M_2I_4]^{2-}$（在 Cu-I 体系出现的次数超过 40 例），可以看成是两个罕见的 MI_3 三角形共边连接而成的［图 3-1(a)，0A-1］[120,121]。$[M_2I_5]^{3-}$ 簇有两种异构体：α-$[M_2I_5]^{3-}$ 簇是由两个常见的 MI_4 四面体通过共面模式连接而成［图 3-1(b)，0A-2］[56,122,123]，而 β-$[M_2I_5]^{3-}$ 簇仅出现在碘铜酸盐体系，其是由两个罕见的 CuI_3 三角形采取共角模式构建而成［图 3-1(c)，0A-3］[124]。$[M_2I_6]^{4-}$ 簇是由两个 MI_4 四面体通过共边模式形成，其也是 Ag-I 体系最常出现的簇状结构［图 3-1(d)，0A-4］[125,126]。

3.1.2 三核 $[M_3I_6]^{3-}$ 和 $[M_3I_7]^{4-}$ 阴离子簇

三核阴离子簇有六种结构类型。α-$[M_3I_6]^{3-}$ 簇可以看作是由“一个 $[M_2I_6]^{4-}$ 簇（0A-4）+一个 MI_4 四面体”组合而成，其中 MI_4 四面体刚好位于 $[M_2I_6]^{4-}$ 簇中心的正下方［图 3-2(a)，0A-5］[127,128]。另外两个 $[M_3I_6]^{3-}$ 簇异构体仅出现在碘铜酸盐体系：①β-$[Cu_3I_6]^{3-}$ 簇可以看作是由一个 β-$[Cu_2I_5]^{3-}$ 簇（0A-3）和一个 CuI_3 三角形共用两个 μ_2-I 原子组

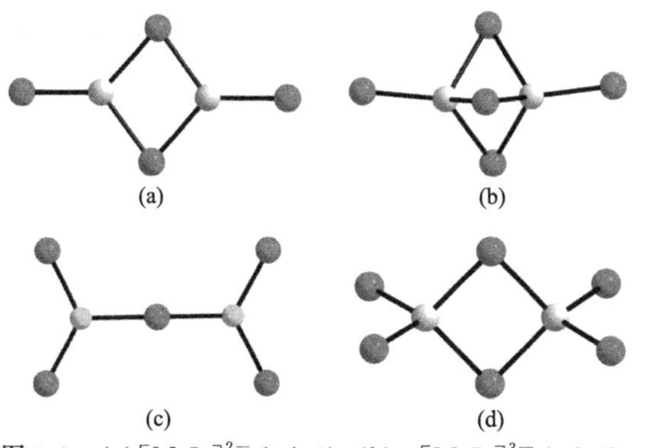

图 3-1　(a)$[M_2I_4]^{2-}$(0A-1)；(b)α-$[M_2I_5]^{3-}$(0A-2)；(c)β-$[Cu_2I_5]^{3-}$(0A-3)；(d)$[M_2I_6]^{4-}$(0A-4)

合而成的，其中三个铜原子共平面形成三角形并展现了 C_{3v} 对称性［图 3-2(b)，0A-6］[129]；②γ-$[Cu_3I_6]^{3-}$ 簇具有相对低的对称性，是由一个 α-$[Cu_2I_5]^{3-}$ 簇（0A-2）和一个 CuI_3 三角形通过两个 μ_3-I 原子组合而成［图 3-2(c)，0A-7］[130]。$[Ag_3I_7]^{4-}$ 簇具有两种异构体：在 α-$[Ag_3I_7]^{4-}$ 簇中，三个 AgI_3 三角形共用一个 μ_3-I 原子形成具有 C_{3v} 对称性的结构［图 3-2(d)，0A-8］[131]；而 β-$[Ag_3I_7]^{4-}$ 簇可以看成是由“一个 α-$[Ag_2I_5]^{3-}$ 簇（0A-2）和一个 AgI_4 四面体”共边构建而成［图 3-2(e)，0A-9］[132]。$[Cu_3I_7]^{4-}$ 簇仅有一个例子报道，可以看作是“CuI_4 四面体＋CuI_3 三角形＋CuI_4 四面体”的夹心结构［图 3-2(f)，0A-10］[133]。

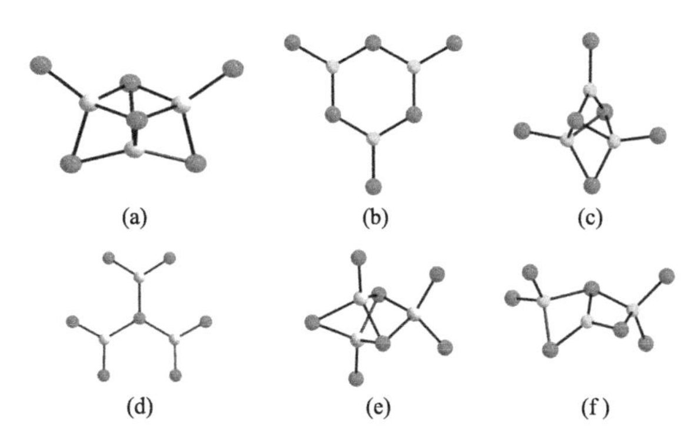

图 3-2　(a)α-$[M_3I_6]^{3-}$(0A-5)；(b)β-$[Cu_3I_6]^{3-}$(0A-6)；(c)γ-$[Cu_3I_6]^{3-}$(0A-7)；(d)α-$[Ag_3I_7]^{4-}$(0A-8)；(e)β-$[Ag_3I_7]^{4-}$(0A-9)；(f)$[Cu_3I_7]^{4-}$(0A-10)

3.1.3 四核$[M_4I_6]^{2-}$、$[Cu_4I_7]^{3-}$、$[M_4I_8]^{4-}$、$[Ag_4I_{12}]^{8-}$阴离子簇

显著地，报道的四核阴离子簇有九种结构类型。C_{3v} 对称性的 $[M_4I_6]^{2-}$ 簇中四个铜/银原子排列成一个四面体，且所有的边通过六个 μ_2-I 原子桥连而成。目前仅有少量有序 $[M_4I_6]^{2-}$ 簇的报道[120,134,135]，例如：$[Cu_4I_6]$ $[P(C_6H_5)_4]_2 \cdot 2OC(CH_3)_2$ [图 3-3(a)，0A-11]。$[Cu_4I_7]^{3-}$ 簇能看成是一个 α-$[Cu_2I_5]^{3-}$ 簇（0A-2）作为"中心"单元通过共边连接两个 CuI_3 三角形。有趣的是，在 α-$[Cu_4I_7]^{3-}$ 簇中采取顺式排列 [图 3-3(b)，0A-12][136]，而在 β-$[Cu_4I_7]^{3-}$ 簇中采取反式排列 [图 3-3(c)，0A-13][137]。

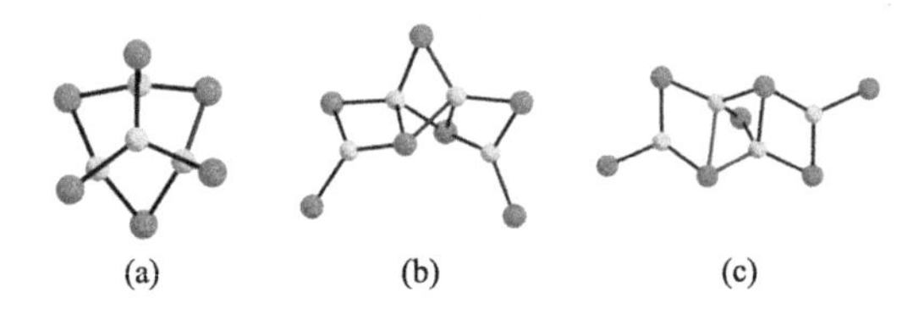

图 3-3 (a)$[M_4I_6]^{2-}$(0A-11)；(b)α-$[Cu_4I_7]^{3-}$(0A-12)；(c)β-$[Cu_4I_7]^{3-}$(0A-13)

$[M_4I_8]^{4-}$ 簇展现出了多样的异构体，含银化合物或含铜化合物分别有四种异构体。具有立方烷型的 α-$[M_4I_8]^{4-}$ 簇是最经典的结构类型，其中每个 MI_4 四面体与其他三个四面体共用三条边 [图 3-4(a)，0A-14][56,138]。与 α-$[M_4I_8]^{4-}$ 簇不同，β-$[M_4I_8]^{4-}$ 簇可以看作是由"一个 $[M_2I_6]^{4-}$ 簇（0A-4）＋两个 MI_3 三角形"通过四个 μ_2-I 原子连接而成或者是由两个 M_2I_5 单元共用两条边连接而成 [图 3-4(b)，0A-15][98,120]。γ-$[M_4I_8]^{4-}$ 簇可以看成是由两个 [α-$M_2I_5]^{3-}$ 簇（0A-2）通过两个 μ_3-I 原子连接而成 [图 3-4(c)，0A-16][56,139]。δ-$[Ag_4I_8]^{4-}$ 和 δ-$[Cu_4I_8]^{4-}$ 簇表现出明显不同的键合模式：前者为二聚合 $[Ag_2I_6]^{4-}$ 簇（0A-4）[图 3-4(d)，0A-17][140]，而后者是"一个 α-$[Cu_2I_5]^{3-}$ 簇（0A-2）＋一个 $[Cu_2I_4]^{2-}$ 簇（0A-1）"的组合 [图 3-4(e)，0A-18][97]。环状 $[Ag_4I_{12}]^{8-}$ 簇仅出现在碘银酸盐体系，其中每个 AgI_4 四面体与相邻两个四面体共用两个顶点，且四个银原子形成稍微扭曲的正方形 [图 3-4(f)，0A-19][125]。

(a) (b) (c)

(d) (e) (f)

图 3-4 (a)α-$[M_4I_8]^{4-}$(0A-14)；(b)β-$[M_4I_8]^{4-}$(0A-15)；(c)γ-$[M_4I_8]^{4-}$(0A-16)；(d)δ-$[Ag_4I_8]^{4-}$(0A-17)；(e)δ-$[Cu_4I_8]^{4-}$(0A-18)；(f)$[Ag_4I_{12}]^{8-}$(0A-19)

3.1.4 五核 $[Cu_5I_7]^{2-}$ 阴离子簇

值得注意的是，五核簇仅出现在碘铜酸盐体系，分子式为 $[Cu_5I_7]^{2-}$（图 3-5，0A-20）[141]。例如：在化合物 $[(C_3H_7)_4N]_2$ $[Cu_5I_7]$（$[(C_3H_7)_4N]^+$ ＝四丙基铵阳离子）中，碘原子在几何空间上排列成五角双锥，铜原子填充在四面体的空隙中，其外形非常接近 C_5 对称性，而在化合物 $[(C_4H_9)_4P]_2[Cu_5I_7]$和$[(C_4H_9)_4P]_2[Cu_5I_7]\cdot CH_3COCH_2OH$ 中 Cu_5 环更皱褶（$[(C_4H_9)_4P]^+$ ＝四丁基鏻阳离子），4/5 的铜原子具有三角形环境而不是四面体环境，并且碘原子排列的五角双锥极大地偏离 C_5 对称性，采取一个准 C_2 对称性。

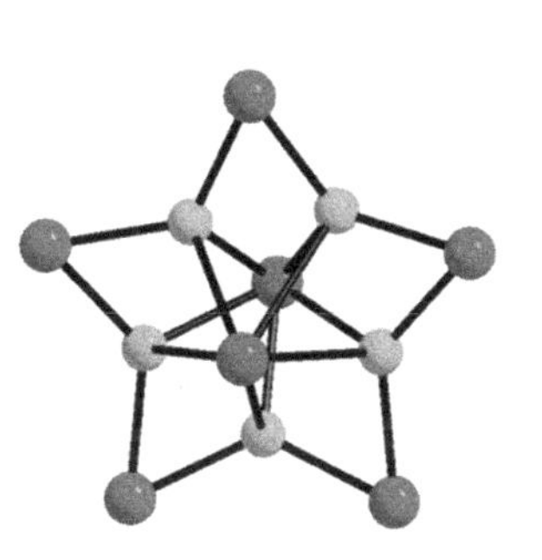

图 3-5 五核的 $[Cu_5I_7]^{2-}$ 阴离子簇结构示意图（0A-20）

3.1.5 六核 $[Ag_6I_8]^{2-}$、$[Cu_6I_9]^{3-}$、$[Cu_6I_{10}]^{4-}$、$[M_6I_{11}]^{5-}$ 和 $[Ag_6I_{12}]^{6-}$ 阴离子簇

目前，六核的阴离子簇具有十种结构类型。类蝴蝶形 $[M_6I_8]^{2-}$ 簇仅出现在碘银酸盐体系，其可以看作是由“一个 $[Ag_2I_6]^{4-}$ 簇（0A-4）＋四个 AgI_3 三角形”采取共边模式组合而成［图 3-6(a)，0A-21］[142]。$[M_6I_9]^{3-}$ 簇仅出现在碘铜酸盐体系，具有两种异构体：①α-$[Cu_6I_9]^{3-}$ 簇是由两个 α-$[Cu_3I_6]^{3-}$ 簇（0A-5）通过两个 μ_2-I 原子和一个不常见的中心 μ_5-I 原子连接而成［图 3-6(b)，0A-22］[135]；②β-$[Cu_6I_9]^{3-}$ 簇是由一个

立方烷 α-$[Cu_4I_8]^{4-}$ 簇（0A-14）和两个 CuI_3 三角形构建而成［图 3-6（c），0A-23］[135]。

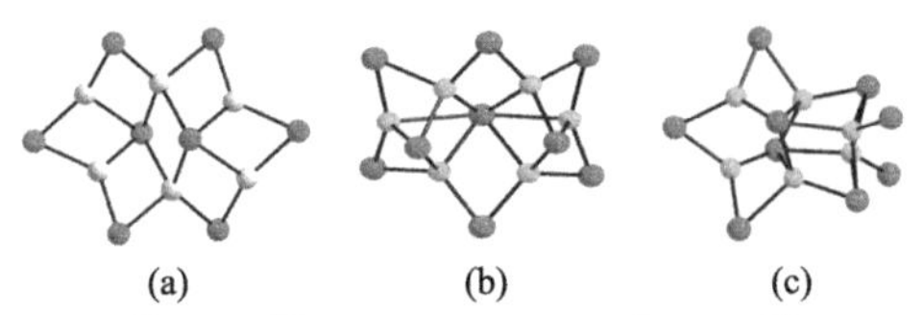

图 3-6 (a)$[Ag_6I_8]^{2-}$(0A-21)；(b)α-$[Cu_6I_9]^{3-}$(0A-22)；(c)β-$[Cu_6I_9]^{3-}$(0A-23)

$[M_6I_{10}]^{4-}$ 簇仅出现在碘铜酸盐体系，其具有四种异构体：①α-$[Cu_6I_{10}]^{4-}$ 簇是由两个 β-$[Cu_3I_6]^{3-}$ 簇（0A-6）通过两个 μ_2-I 原子连接而成，其中所有的铜原子均采取三角形配位模式［图 3-7(a)，0A-24］[143]；②β-$[Cu_6I_{10}]^{4-}$ 簇可以看作是由“一个 γ-$[Cu_4I_8]^{4-}$ 簇＋两个 CuI_3 三角形”通过共边组合而成［图 3-7(b)，0A-25］[144]；③γ-$[Cu_6I_{10}]^{4-}$ 簇也是由两个 β-$[Cu_3I_6]^{3-}$ 簇（0A-6）通过两个 μ_2-I 原子连接而成，但是不同于 α-$[Cu_6I_{10}]^{4-}$ 簇，由于 Cu—I 键长的缩短，簇中的一个 CuI_3 三角形转变成 CuI_4 四面体［图 3-7(c)，0A-26］[126]；④δ-$[Cu_6I_{10}]^{4-}$ 簇可以看作是两个 α-$[Cu_3I_6]^{3-}$ 簇（0A-5）采取反式共边模式组装而成［图 3-7(d)，0A-27］[145]。

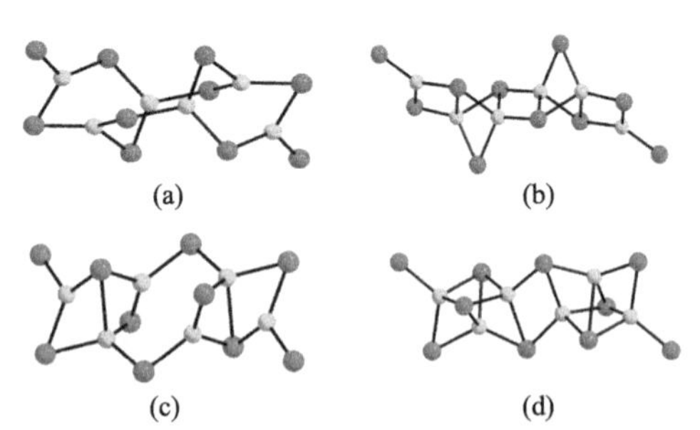

图 3-7 (a)α-$[Cu_6I_{10}]^{4-}$(0A-24)；(b)β-$[Cu_6I_{10}]^{4-}$(0A-25)；(c)γ-$[Cu_6I_{10}]^{4-}$(0A-26)；(d)δ-$[Cu_6I_{10}]^{4-}$(0A-27)

目前报道的 $[M_6I_{11}]^{5-}$ 簇也展现了两种异构体。α-$[M_6I_{11}]^{5-}$ 簇具有准 D_{3h} 对称性，可以看作是六个 MI_4 四面体通过共用三条边聚集而成，且 M_6 核呈现出罕见的三角棱柱排列［图 3-8(a)，0A-28］，并且仅有三个已知的例子：$[Et_4N]_6[Ag_6I_{11}]I$[146](Et_4N^+＝四乙胺阳离子)、$[Et_4N]_6[Cu_6I_{11}]I$[147] 和 $[Co(cp)_2][Cu_2I_3]=1/9\{[Co(cp)_2]_9[Cu_6I_{11}]^2_\infty$

$[(Cu_6I_8)_2]\}$ ($[Co(cp)_2]^+$ = 二茂铁合钴配合物)[148]。然而，β-$[M_6I_{11}]^{5-}$簇仅出现在碘银酸盐体系，可以看成是由“一个立方烷 α-$[Ag_4I_8]^{4-}$簇（0A-14）+一个$[Ag_2I_6]^{4-}$簇（0A-4）”通过组合μ_3-I 原子连接而成［图 3-8(b)，0A-29］[120]。含碘最多的六核$[Ag_6I_{12}]^{6-}$簇可以描述为两个不完整的立方烷$[Ag_3I_7]^{4-}$ SBU 通过共边聚集而成［图 3-8(c)，0A-30］[149]。

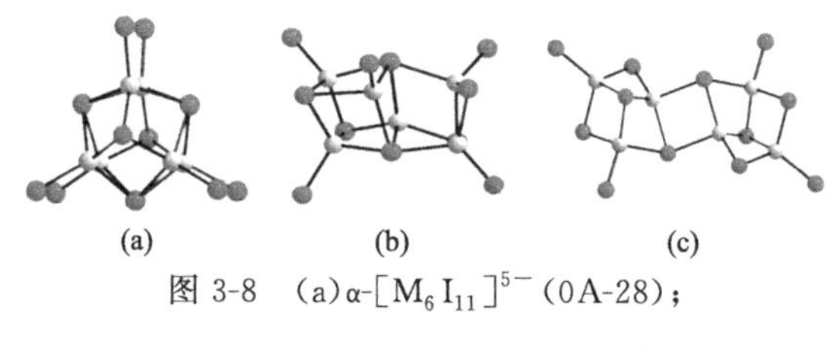

图 3-8 (a)α-$[M_6I_{11}]^{5-}$(0A-28)；
(b)β-$[Ag_6I_{11}]^{5-}$(0A-29)；(c)$[Ag_6I_{12}]^{6-}$(0A-30)

3.1.6 七核$[Cu_7I_{10}]^{3-}$、$[Cu_7I_{11}]^{4-}$和八核$[M_8I_{13}]^{5-}$、$[Cu_8I_{14}]^{6-}$阴离子簇

七核和八核的碘银/铜酸盐簇仅报道了四种有序的结构类型。$[Cu_7I_{10}]^{3-}$簇具有一个类冠醚结构，其中七个铜原子可以看作是六角锥排列，碘原子呈现了多样的连接模式（六个μ_2-I 原子、三个帽式μ_3-I 原子和一个罕见的帽式μ_7-I 原子）［图 3-9(a)，0A-31］[150]。$[Cu_7I_{11}]^{4-}$簇可以描述为“一个 α-$[Cu_3I_6]^{3-}$簇（0A-5）+一个畸变的准立方烷 α-$[Cu_4I_8]^{4-}$簇（0A-14）”通过两个μ_2-I 原子和一个μ_4-I 原子连接而成［图 3-9(b)，0A-32］[135]。

有趣的是，一个类球状的$[M_8I_{13}]^{5-}$簇展现了C_3对称性，其中八个金属原子采取立方烷排列，中间出现不同寻常的μ_8-I 原子，且所有的 12 条边均通过μ_2-I 原子连接［图 3-9(c)，0A-33］[151,152]。$[Cu_8I_{14}]^{6-}$簇可以看成是四个 α-$[Cu_2I_5]^{3-}$簇（0A-2）采取“上下上下”模式共边组合而成［图 3-9(d)，0A-34］[98]。另外需要说明的是，由于具有D_{2d}对称性的$[Cu_9I_{12}]^{3-}$簇和C_2对称性的$[Cu_8I_{11}]^{3-}$是由无序的$Cu_{8.5}I_{11.15}$簇拆分获得，所以这两个结构类型并未在本书进行描述[135]。

3.1.7 十三核 $[Cu_{13}I_{14}]^-$和十四核 $[Ag_{14}I_{22}]^{8-}$阴离子簇

目前，超过十核的碘银/铜酸盐阴离子簇仅有四个结构类型。

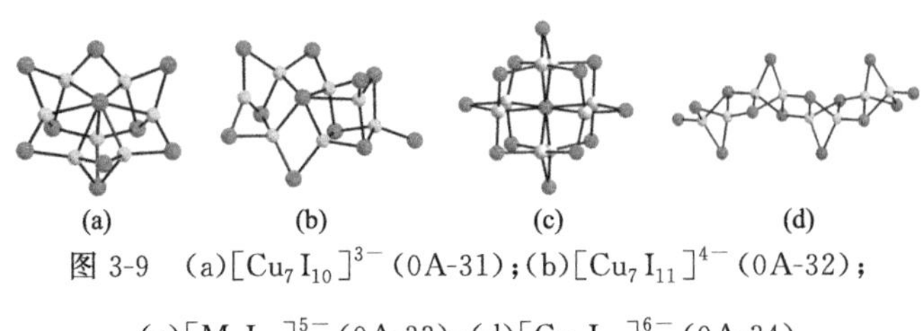

图 3-9 (a)$[Cu_7I_{10}]^{3-}$(0A-31)；(b)$[Cu_7I_{11}]^{4-}$(0A-32)；

(c)$[M_8I_{13}]^{5-}$(0A-33)；(d)$[Cu_8I_{14}]^{6-}$(0A-34)

$[Cu_{13}I_{14}]^-$簇具有几乎完美的球状结构，其中十二个铜原子可以看成是一个截角四面体，第十三个铜原子处于中心位置［图 3-10(a)，0A-35］[153]。在多面体中，碘原子采取多样的桥连模式：六个μ_2-I原子、四个μ_3-I原子和四个罕见的μ_7-I原子，且其中十个碘原子在空间上展现了类金刚烷排列。

特别地，尽管两个报道的$[Ag_{14}I_{22}]^{8-}$簇都是由两个$[Ag_7I_{12}]^{5-}$ SBU作为构筑块通过共边聚合而成，但是由于SBU稍微不同，导致出现有趣的异构现象。详细的结构对比发现：虽然$[Ag_7I_{12}]^{5-}$ SBU在两个化合物中都是由一个畸变的准立方烷α-$[Ag_4I_8]^{4-}$簇和三个AgI_4四面体组成，但是在α-$[Ag_{14}I_{22}]^{8-}$簇中AgI_4四面体对称地位于α-$[Ag_4I_8]^{4-}$簇的两侧［图 3-10(b)，0A-36］[154]；而在β-$[Ag_{14}I_{22}]^{8-}$簇中AgI_4四面体相对于α-$[Ag_4I_8]^{4-}$簇采取非对称的连接模式［图 3-10(c)，0A-37］[120]。同时，由于上述的细微变化也导致出现不同的碘原子连接模式：在α-$[Ag_{14}I_{22}]^{8-}$簇中包含四个端基I_t-I原子、八个μ_2-I原子、四个μ_3-I原子和六个μ_4-I原子，而在β-$[Ag_{14}I_{22}]^{8-}$簇中包含四个端基I_t-I原子、八个μ_2-I原子、六个μ_3-I原子、两个μ_4-I原子和两个μ_6-I原子。

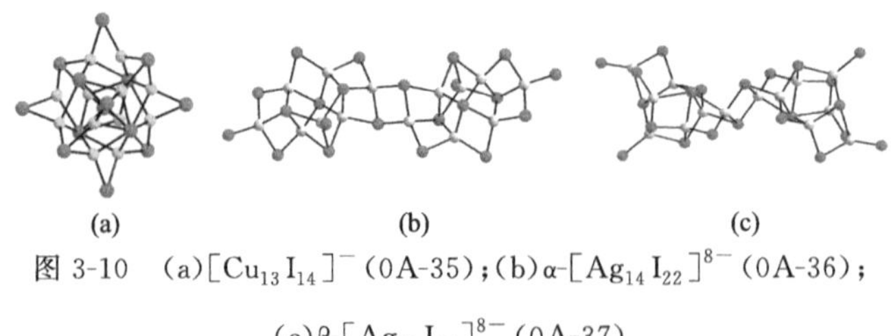

图 3-10 (a)$[Cu_{13}I_{14}]^-$(0A-35)；(b)α-$[Ag_{14}I_{22}]^{8-}$(0A-36)；

(c)β-$[Ag_{14}I_{22}]^{8-}$(0A-37)

3.1.8 二十二核$[Ag_{22}I_{34}]^{12-}$和三十六核$[Cu_{36}I_{56}]^{20-}$阴离子簇

迄今，报道的最大的阴离子Ag-I簇和Cu-I簇分别是$[Ag_{22}I_{34}]^{12-}$和

$[Cu_{36}I_{56}]^{20-}$簇。在$[Ag_{22}I_{34}]^{12-}$簇中，一个AgI_3三角形和十个AgI_4四面体通过共顶点和共边聚集成$[Ag_{11}I_{18}]^{7-}$ SBU，进一步两个SBU通过共用I_{15}和I_{16}原子连接形成离散的类链状$[Ag_{22}I_{34}]^{12-}$阴离子［图3-11(a)，0A-38］[155]。$[Cu_{36}I_{56}]^{20-}$簇可以看作是由“八个不完整立方烷的Cu_3I_7单元＋八个CuI_4四面体”通过共边组合而成［图3-10(b)，0A-39］[156]，笼的直径大约为7Å（1Å=10^{-10}m）。

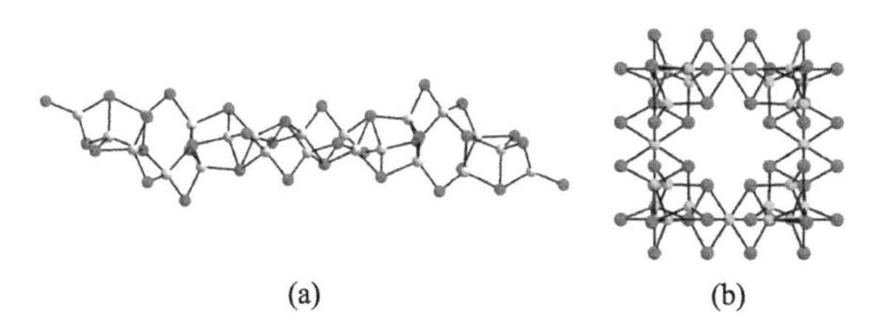

图3-11　(a)$[Ag_{22}I_{34}]^{12-}$(0A-38)；(b)$[Cu_{36}I_{56}]^{20-}$(0A-39)

3.2 聚合的碘银/铜(Ⅰ)酸盐阴离子骨架

使用最简单的MI_4四面体或SBUs作为构筑块，构筑出多样的聚合碘银/铜（Ⅰ）酸盐阴离子结构，包括大量的一维阴离子链和二维阴离子层及少量的三维骨架，并展现了更加多样化的连接方式和多形态现象。

3.2.1 一维银/铜（Ⅰ)酸盐阴离子链

大量报道的1D碘银/铜酸盐阴离子链包括：一维的$[MI_2]_n^{n-}$、$[AgI_3]_n^{2n-}$、$[M_2I_4]_n^{2n-}$、$[M_2I_3]_n^{n-}$、$[Ag_2I_5]_n^{3n-}$、$[M_3I_4]_n^{n-}$、$[Ag_3I_5]_n^{2n-}$、$[Cu_3I_6]_n^{3n-}$、$[M_4I_6]_n^{2n-}$、$[Ag_5I_6]_n^{n-}$、$[M_5I_7]_n^{2n-}$、$[Ag_5I_9]_n^{4n-}$、$[Ag_6I_9]_n^{3n-}$、$[Cu_7I_9]_n^{2n-}$、$[M_7I_{10}]_n^{3n-}$、$[Cu_8I_{11}]_n^{3n-}$、$[Ag_8I_{12}]_n^{4n-}$、$[Ag_{10}I_{12}]_n^{2n-}$、$[M_{10}I_{14}]_n^{4n-}$、$[Ag_{11}I_{15}]_n^{4n-}$、$[Ag_{12}I_{18}]_n^{6n-}$和$[Ag_{15}I_{18}]_n^{3n-}$阴离子链（表3-2）。

表 3-2　代表性的一维碘银/铜（Ⅰ）酸盐阴离子链状结构（标记为 1A）

编号	分子式	构筑块	共用模式	配位数(I)	参考文献
1A-1	α-$[MI_2]_n^{n-}$/ α-$[M_2I_4]_n^{2n-}$	MI_4 四面体/ $[M_2I_6]^{4-}$ 簇(0A-4)	ESM (cis)	2	[96,126,157,158]
1A-2	β-$[MI_2]_n^{n-}$	MI_4 四面体	ESM (trans)	1～3	[126,159]
1A-3	$[AgI_3]_n^{2n-}$	MI_4 四面体	VSM	1,2	[160]
1A-4	β-$[Cu_2I_4]_n^{2n-}$	$[Cu_2I_5]^{3-}$ SBU	VSM	1,2	[90]
1A-5	α-$[M_2I_3]_n^{n-}$/ α-$[M_4I_6]_n^{2n-}$/ α-$[Ag_6I_9]_n^{3n-}$	$[M_2I_6]^{4-}$ 簇(0A-4) /$[M_4I_9]^{5-}$ SBU /$[Ag_6I_{12}]^{6-}$ SBU	ESM	2,4	[99,139,161,162]
1A-6	β-$[Ag_2I_3]_n^{n-}$	$[Ag_2I_6]^{4-}$ 簇(0A-4)	ESM	2,3	[118]
1A-7	γ-$[Ag_2I_3]_n^{n-}$/ β-$[Ag_4I_6]_n^{2n-}$	δ-$[Ag_4I_8]^{4-}$ 簇(0A-17)	ESM	2,3	[163,164]
1A-8	β-$[Cu_2I_3]_n^{n-}$	$[Cu_{14}I_{23}]^{9-}$ SBU	ESM	2～4	[165]
1A-9	γ-$[Cu_2I_3]_n^{n-}$	$[Cu_2I_5]^{3-}$ SBU	ESM	2,3	[166]
1A-10	δ-$[Cu_2I_3]_n^{n-}$	$[Cu_2I_5]^{3-}$ SBU	ESM	2,3	[167]
1A-11	ε-$[Cu_2I_3]_n^{n-}$/ β-$[Cu_4I_6]_n^{2n-}$	α-$[Cu_2I_5]^{3-}$ 簇(0A-2) /γ-$[Cu_4I_8]^{4-}$ 簇(0A-16)	ESM	2,3	[96,168,169]
1A-12	ζ-$[Cu_2I_3]_n^{n-}$/ γ-$[Cu_4I_6]_n^{2n-}$	α-$[Cu_2I_5]^{3-}$ 簇(0A-2) /γ-$[Cu_4I_8]^{4-}$ 簇(0A-16)	ESM	2,3	[151,169]
1A-13	η-$[Cu_2I_3]_n^{n-}$	α-$[Cu_2I_5]^{3-}$ 簇(0A-2)	ESM	2,3	[170]
1A-14	$[Ag_2I_5]_n^{3n-}$	$[Ag_2I_6]^{4-}$ 簇(0A-4)	VSM	1,2	[171]
1A-15	α-$[M_3I_4]_n^{n-}$	$[M_3I_7]^{4-}$ SBU	ESM	2～4	[172,173]
1A-16	β-$[M_3I_4]_n^{n-}$	$[M_3I_8]^{5-}$ SBU	ESM	2,4	[174,175]
1A-17	γ-$[Ag_3I_4]_n^{n-}$	$[Ag_6I_{10}]^{4-}$ SBU	ESM	2～4	[176]
1A-18	γ-$[Cu_3I_4]_n^{n-}$	α-$[M_3I_6]^{3-}$ 簇(0A-5)	ESM	2,3	[135]
1A-19	δ-$[Cu_3I_4]_n^{n-}$	$[Cu_3I_7]^{4-}$ SBU	ESM	2～4	[151]
1A-20	ε-$[Cu_3I_4]_n^{n-}$	$[Cu_3I_8]^{5-}$ SBU	ESM	2	[177]
1A-21	α-$[Ag_3I_5]_n^{2n-}$	$[Ag_3I_7]^{4-}$ SBU	ESM	1～3	[178]
1A-22	β-$[Ag_3I_5]_n^{2n-}$	$[Ag_3I_7]^{4-}$ SBU	ESM	1～4	[179]
1A-23	γ-$[Ag_3I_5]_n^{2n-}$	$[Ag_3I_7]^{4-}$ SBU	ESM	1～3	[180]
1A-24	δ-$[Ag_3I_5]_n^{2n-}$	$[Ag_6I_{12}]^{6-}$ SBU	ESM	2,4	[181]
1A-25	α-$[Cu_3I_5]_n^{2n-}$	$[Cu_3I_7]^{4-}$ SBU	ESM	2,3	[182]
1A-26	β-$[Cu_3I_5]_n^{2n-}$	$[Cu_3I_7]^{4-}$ SBU	ESM	2,3	[96]
1A-27	γ-$[Cu_3I_5]_n^{2n-}$	$[Cu_3I_7]^{4-}$ SBU	ESM	2,3	[183]

续表

编号	分子式	构筑块	共用模式	配位数(I)	参考文献
1A-28	δ-$[Cu_3I_5]_n^{2n-}$	$[M_2I_6]^{4-}$簇(0A-4) +MI_4 四面体	ESM	1～3	[99]
1A-29	$[Cu_3I_6]_n^{3n-}$	$[Cu_3I_7]^{4-}$ SBU	VSM	1～3	[145]
1A-30	δ-$[Cu_4I_6]_n^{2n-}$	$[Cu_4I_8]^{4-}$ SBU	ESM	2～4	[126]
1A-31	γ-$[Ag_4I_6]_n^{2n-}$	α-$[Ag_4I_8]^{4-}$簇(0A-14)	ESM	2,3	[184]
1A-32	δ-$[Ag_4I_6]_n^{2n-}$	$[Ag_8I_{14}]^{6-}$ SBU	ESM	2～4	[185]
1A-33	$[Ag_5I_6]_n^{n-}$/ $[Ag_{10}I_{12}]_n^{2n-}$/ $[Ag_{15}I_{18}]_n^{3n-}$	$[Ag_5I_6]^{-}$ SBU	FSM	3,6	[125,161,162]
1A-34	α-$[M_5I_7]_n^{2n-}$	$[M_5I_{10}]^{5-}$ SBU	ESM	2,3,5	[186,187]
1A-35	β-$[M_5I_7]_n^{2n-}$/ $[Cu_{10}I_{14}]_n^{4n-}$	$[M_5I_9]^{4-}$ SBU	ESM	2～4	[188-190]
1A-36	γ-$[Ag_5I_7]_n^{2n-}$	$[Ag_5I_{10}]^{5-}$ SBU	ESM	2～4	[191]
1A-37	δ-$[Ag_5I_7]_n^{2n-}$	$[Ag_{10}I_{18}]^{8-}$ SBU	ESM	2～5	[192]
1A-38	$[Ag_5I_9]_n^{4n-}$	$[Ag_5I_{10}]^{5-}$ SBU	VSM	1～3	[193]
1A-39	β-$[Ag_6I_9]_n^{3n-}$/ $[Ag_{12}I_{18}]_n^{6n-}$	$[Ag_6I_{11}]^{5-}$ SBU	ESM	2～4	[194,195]
1A-40	γ-$[Ag_6I_9]_n^{3n-}$	$[Ag_6I_{12}]^{6-}$ SBU	ESM	2～4	[122]
1A-41	$[Cu_7I_9]_n^{2n-}$	$[Cu_5I_9]^{4-}$ SBU+ $[Cu_2I_6]^{4-}$ SBU	ESM	1～5	[186]
1A-42	$[M_7I_{10}]_n^{3n-}$	α-$[M_6I_{11}]^{5-}$簇(0A-28) +MI_3 三角形	ESM	1～4	[124]
1A-43	α-$[Cu_8I_{11}]_n^{3n-}$	$[Cu_8I_{13}]^{5-}$ SBU	ESM	1～5	[186]
1A-44	β-$[Cu_8I_{11}]_n^{3n-}$	$[Cu_8I_{14}]^{6-}$ SBU	ESM	2～4	[154]
1A-45	$[Ag_8I_{12}]_n^{4n-}$	$[Ag_8I_{14}]^{6-}$ SBU	VSM	1～5	[120]
1A-46	$[Ag_{10}I_{14}]_n^{4n-}$	$[Ag_{10}I_{17}]^{7-}$ SBU	ESM	2～4	[187]
1A-47	$[Ag_{11}I_{15}]_n^{4n-}$	$[Ag_6I_{11}]^{5-}$ SBU	ESM	2～4	[187]

注：配位数（I）表示碘离子的配位数；M = Ag（Ⅰ）和 Cu（Ⅰ）；“VSM/ESM/FSM”表示“共顶点/共边/共面”模式。

3.2.1.1 具有 MI_x 组分的阴离子链

在碘银/铜酸盐体系，具有 MI_x 组分的阴离子链有三种结构类型。最简单和常见的阴离子链是 α-$[MI_2]_n^{n-}$，其是由每个 MI_4 四面体与相邻的 MI_4 四面体共用两条相反的边连接形成的［图 3-12(a)，1A-1］[96,157]。不同于 α-$[MI_2]_n^{n-}$ 链，β-$[MI_2]_n^{n-}$ 链中每个 MI_4 四面体与相邻的 MI_4 四面体通过共用两条相邻的边构筑而成［图 3-12(b)，1A-2］[126,159]。第三种结构类型仅出现在碘银酸盐体系，分子式为 $[AgI_3]_n^{2n-}$，其可以看成是由 AgI_4 四面体采取共顶点模式连接形成［图 3-12(c)，1A-3］[160]。

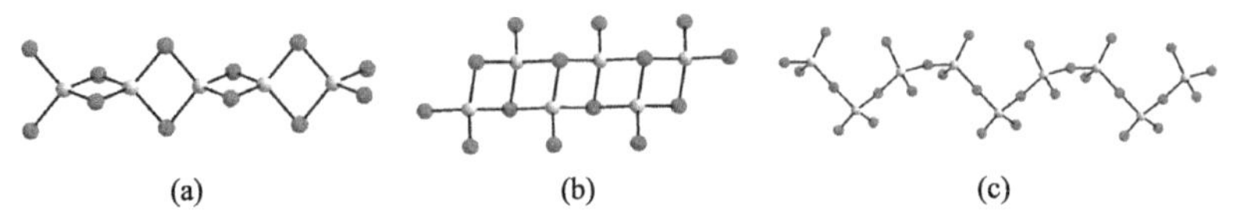

图 3-12 (a) α-$[MI_2]_n^{n-}$/$[M_2I_4]_n^{2n-}$ (1A-1)；(b) β-$[MI_2]_n^{n-}$ (1A-2)；(c) $[AgI_3]_n^{2n-}$ (1A-3)

3.2.1.2 具有 M_2I_x 组分的阴离子链

目前，具有 M_2I_x 组分的阴离子链有 12 个已知的结构类型。$[M_2I_4]_n^{2n-}$ 链存在两种异构体：①双核的 $[M_2I_6]^{4-}$ 簇（0A-4）通过共用 I-I 边组装形成 α-$[M_2I_4]_n^{2n-}$ 链［图 3-12(a)，1A-1］[126,158]；②双核的 $[Cu_2I_5]^{3-}$ 簇状 SBU 采取共顶点模式连接成一维“Z”字形 β-$[Cu_2I_4]_n^{2n-}$ 链（图 3-13，1A-4）[90]。

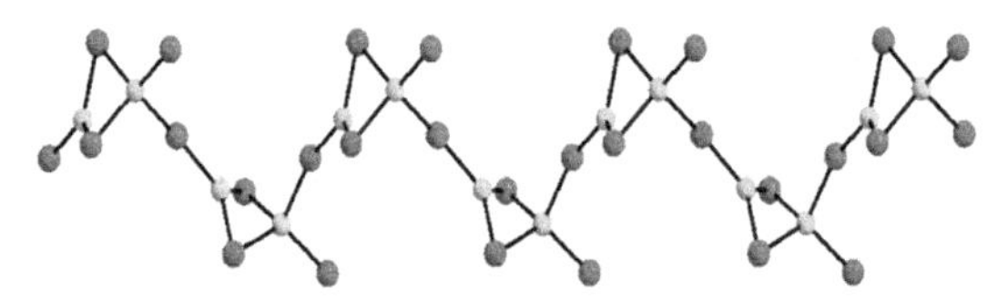

图 3-13 β-$[Cu_2I_4]_n^{2n-}$ (1A-4) 阴离子链结构示意图

有趣的是，具有 M_2I_3 组分的阴离子链展现了更加多样的异构现象。含银的化合物具有三种异构体：①双核的 $[M_2I_6]^{4-}$ 簇（0A-4）通过两个 μ_2-I 原子和一个 μ_4-I 原子连接形成 α-$[M_2I_3]_n^{n-}$ 链［图 3-14(a)，1A-5］[161]；②双核的 $[Ag_2I_6]^{4-}$ 簇（0A-4）采取头对头排列并通过共用四个顶点形成聚合阴离子链。进一步，两个聚合阴离子链并排排列且共用每一个 $[Ag_2I_6]^{4-}$ 簇的两条边组装成 β-$[Ag_2I_3]_n^{n-}$ 链［图 3-14(b)，1A-6］[118]。③四核的 δ-$[Ag_4I_8]^{4-}$ 簇（0A-17）通过两个 μ_3-I 原子连接形成 γ-$[Ag_2I_3]_n^{n-}$ 链［图 3-14(c)，1A-7］[163]。

对于含铜的化合物，除了同构的 α-$[Cu_2I_3]_n^{n-}$ 链［图 3-14(a)，1A-5］[99]，仍具有六个不同的异构体：① $Cu_{12}I_{20}$ 单元和 $[\alpha$-$Cu_2I_5]^{3-}$ 簇（0A-2）共用 I-I 边组装成 $[Cu_{14}I_{23}]^{9-}$ SBU，进一步相邻的 SBUs 之间彼

此垂直并连接形成 β-$[Cu_2I_3]_n^{n-}$ 链［图 3-14(d)，1A-8］[165]；②双核的 $[Cu_2I_5]^{3-}$ 簇状 SBU 通过两个 μ_2-I 原子和两个 μ_3-I 原子组合而成 γ-$[Cu_2I_3]_n^{n-}$ 链［图 3-14(e)，1A-9］[166]；③不同于 γ-$[Cu_2I_3]_n^{n-}$ 链，$[Cu_2I_5]^{3-}$ 簇状 SBU 与相邻的 SBUs 共用两条相反的边形成 δ-$[Cu_2I_3]_n^{n-}$ 链［图 3-14(f)，1A-10］[167]；④值得注意的是，虽然在剩下的三个异构体中均是由双核的［α-$Cu_2I_5]^{3-}$ 簇 SBU（0A-2）通过共用 I-I 边组装而成，但是 SBU 间展现出多样的排列模式：在 ε-$[Cu_2I_3]_n^{n-}$ 链中，采取“上下上下”模式［图 3-14(g)，1A-11］[96]；在 ζ-$[Cu_2I_3]_n^{n-}$ 链中，采取“上上下下”模式［图 3-14(h)，1A-12］[169]；在 η-$[Cu_2I_3]_n^{n-}$ 链中，采取“上上上上”模式［图 3-14(i)，1A-13］[170]。

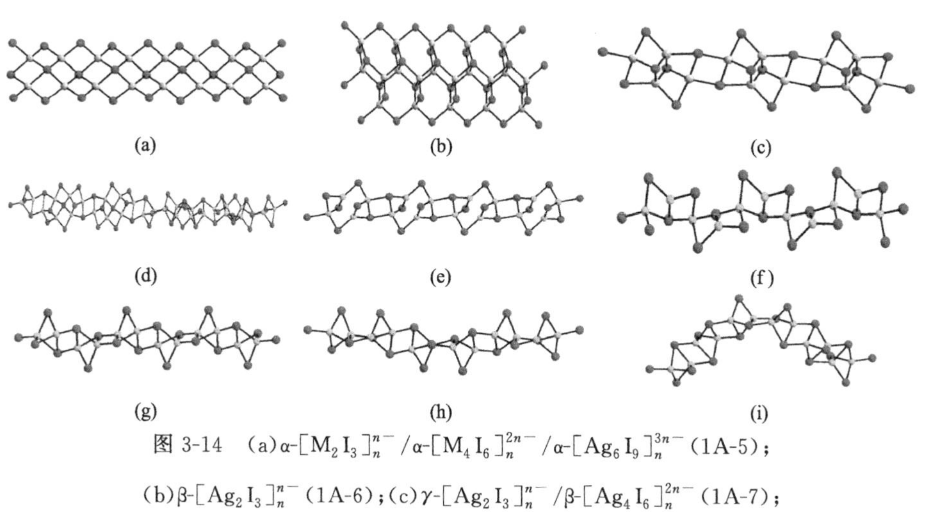

图 3-14 (a)α-$[M_2I_3]_n^{n-}$/α-$[M_4I_6]_n^{2n-}$/α-$[Ag_6I_9]_n^{3n-}$(1A-5)；(b)β-$[Ag_2I_3]_n^{n-}$(1A-6)；(c)γ-$[Ag_2I_3]_n^{n-}$/β-$[Ag_4I_6]_n^{2n-}$(1A-7)；(d)β-$[Cu_2I_3]_n^{n-}$(1A-8)；(e)γ-$[Cu_2I_3]_n^{n-}$(1A-9)；(f)δ-$[Cu_2I_3]_n^{n-}$(1A-10)；(g)ε-$[Cu_2I_3]_n^{n-}$/β-$[Cu_4I_6]_n^{2n-}$(1A-11)；(h)ζ-$[Cu_2I_3]_n^{n-}$/γ-$[Cu_4I_6]_n^{2n-}$(1A-12)；(i)η-$[Cu_2I_3]_n^{n-}$(1A-13)

值得注意的是，不同于常见的共边 $[Ag_2I_6]^{4-}$ 簇基 $[Ag_2I_4]_n^{2n-}$ 链，$[Ag_2I_6]^{4-}$ 簇（0A-4）采取共顶点模式产生了罕见的 $[Ag_2I_5]_n^{3n-}$ 链（图 3-15，1A-14）[171]。

3.2.1.3 具有 M_3I_x 组分的阴离子链

基于多核簇状 SBU 构建的 M_3I_x 组分阴离子链有十五种结构类型。$[M_3I_4]_n^{n-}$ 链在碘银酸盐和碘铜酸盐体系分别有三种和五种异构体。

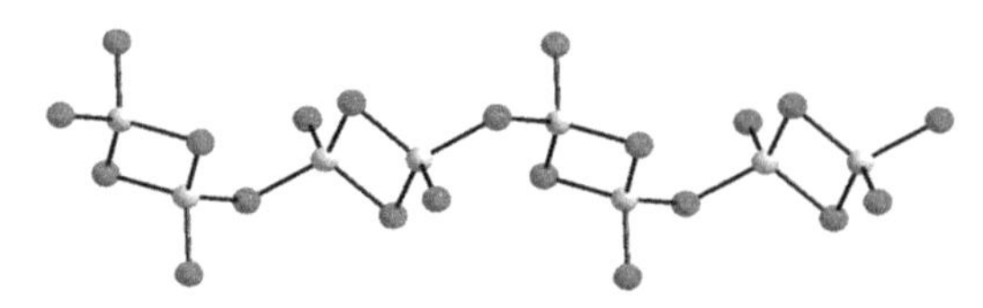

图 3-15 $[Ag_2I_5]_n^{3n-}$（1A-14）阴离子链结构示意图

α-$[M_3I_4]_n^{n-}$ 链是由半立方烷 $[M_3I_7]^{4-}$ 簇状 SBU 通过四个 μ_3-I 原子和两个 μ_4-I 原子聚合而成［图 3-16(a)，1A-15］[172,173]。β-$[M_3I_4]_n^{n-}$ 链既可以看作是由 $[M_3I_8]^{5-}$ 簇状 SBU 通过共用所有的碘原子组合而成，也可以看成是三条 α-$[MI_2]_n^{n-}$/$[M_2I_4]_n^{2n-}$ 链的聚合或者 α-$[M_2I_3]_n^{n-}$ 链的延伸［图 3-16(b)，1A-16］[174,175]。γ-$[Ag_3I_4]_n^{n-}$ 链能描述成 $[Ag_6I_{10}]^{4-}$ 簇通过共用四个 μ_2-I 原子连接而成［图 3-16(c)，1A-17］[176]。

对于碘铜酸盐化合物，除了上述同构的 α-$[Cu_3I_4]_n^{n-}$ 链［图 3-16(a)，1A-15］[173] 和 β-$[Cu_3I_4]_n^{n-}$ 链［图 3-16(b)，1A-16］[175] 外，其他三个异构体如下：①三核的 α-$[Cu_3I_6]^{3-}$ 簇（0A-5）通过共用 I-I 边连接形成 γ-$[Cu_3I_4]_n^{n-}$ 链［图 3-16(d)，1A-18］[135]；②半立方烷 $[Cu_3I_7]^{4-}$ 簇状 SBU 通过两个 μ_4-I 原子和四个 μ_3-I 原子组装形成 δ-$[Cu_3I_4]_n^{n-}$ 链［图 3-16(e)，1A-19］[151]；③ $[Cu_3I_8]^{5-}$ 簇状 SBU 通过共边模式聚合形成 ε-$[Cu_3I_4]_n^{n-}$ 链［图 3-16(f)，1A-20］[177]，其也能看成是扭曲的 α-$[MI_2]_n^{n-}$/$[M_2I_4]_n^{2n-}$ 链［图 3-12(a)，1A-1］。

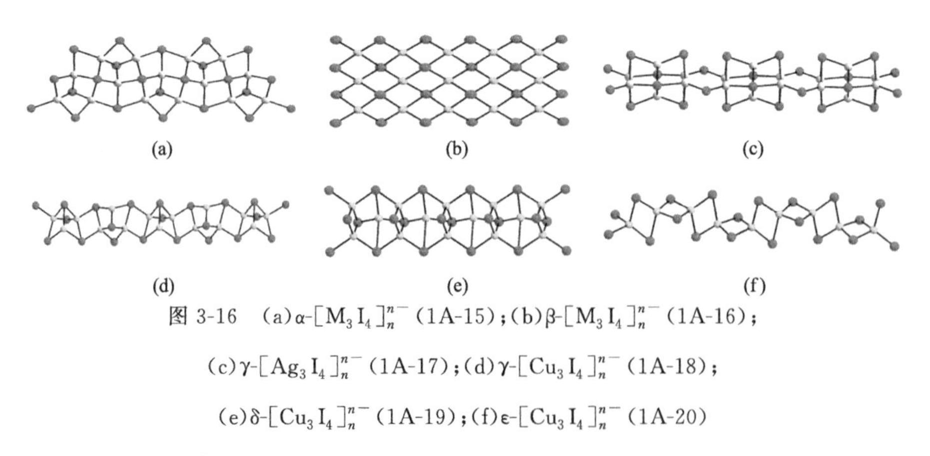

图 3-16 (a)α-$[M_3I_4]_n^{n-}$(1A-15)；(b)β-$[M_3I_4]_n^{n-}$(1A-16)；(c)γ-$[Ag_3I_4]_n^{n-}$(1A-17)；(d)γ-$[Cu_3I_4]_n^{n-}$(1A-18)；(e)δ-$[Cu_3I_4]_n^{n-}$(1A-19)；(f)ε-$[Cu_3I_4]_n^{n-}$(1A-20)

$[M_3I_5]_n^{2n-}$ 链也是基于多样的簇状 SBUs 构建而成，并在 Ag-I 和 Cu-I 体系中分别具有四种异构体，详细描述如下：半立方烷形 $[Ag_3I_7]^{4-}$ 簇状 SBU 组装形成 α-$[Ag_3I_5]_n^{2n-}$ 链［图 3-17(a)，1A-21］[178]；不同类型的 $[Ag_3I_7]^{4-}$ 簇状 SBU 连接形成 β-$[Ag_3I_5]_n^{2n-}$［图 3-17(b)，1A-22］[179] 和 γ-$[Ag_3I_5]_n^{2n-}$ 链［图 3-17(c)，1A-23］[180]；$[Ag_6I_{12}]^{6-}$ 簇状 SBU 聚合而成 δ-$[Ag_3I_5]_n^{2n-}$［图 3-17(d)，1A-24］[181]；三个细微不同的 $[Cu_3I_7]^{4-}$ 簇状 SBU 组装形成 α-$[Cu_3I_5]_n^{2n-}$［图 3-17(e)，1A-25］[182]、β-$[Cu_3I_5]_n^{2n-}$［图 3-17(f)，1A-26］[96] 和 γ-$[Cu_3I_5]_n^{2n-}$ 链［图 3-17(g)，1A-27］[183]；$[Cu_2I_6]^{4-}$ 簇（0A-4）和 MI_4 四面体相互连接形成 δ-$[Cu_3I_5]_n^{2n-}$ 链［图 3-17(h)，1A-28］[99]。

值得注意的是，不同于半立方烷形 $[Ag_3I_7]^{4-}$ 簇基 α-$[Ag_3I_5]_n^{2n-}$ 链，半立方烷形 $[Cu_3I_7]^{4-}$ 簇状 SBU 采取罕见的共顶点模式组装形成“Z”字形 $[Cu_3I_6]_n^{3n-}$ 链［图 3-17(i)，1A-29］[145]。

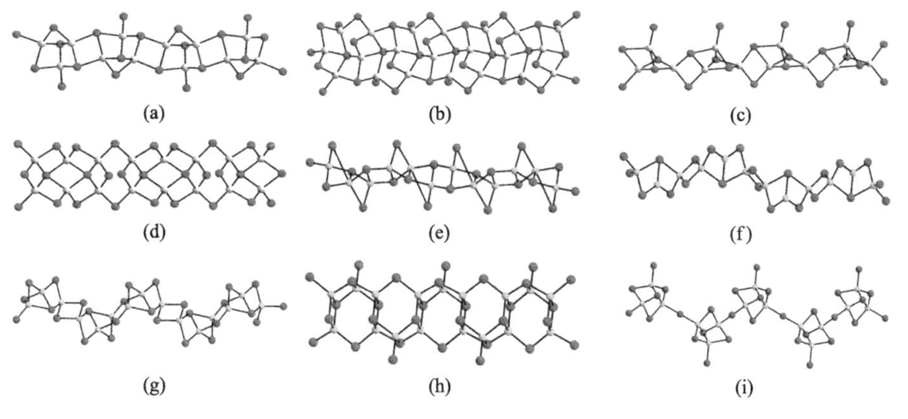

图 3-17 (a)α-$[Ag_3I_5]_n^{2n-}$(1A-21)；(b)β-$[Ag_3I_5]_n^{2n-}$(1A-22)；
(c)γ-$[Ag_3I_5]_n^{2n-}$(1A-23)；(d)δ-$[Ag_3I_5]_n^{2n-}$(1A-24)；
(e)α-$[Cu_3I_5]_n^{2n-}$(1A-25)；(f)β-$[Cu_3I_5]_n^{2n-}$(1A-26)；
(g)γ-$[Cu_3I_5]_n^{2n-}$(1A-27)；(h)δ-$[Cu_3I_5]_n^{2n-}$(1A-28)；
(i)$[Cu_3I_6]_n^{3n-}$(1A-29)

3.2.1.4 具有 M_4I_x 组分的阴离子链

具有 M_4I_x 组分的阴离子链有七种结构类型。α-$[M_4I_6]_n^{2n-}$ 链通过簇状 $[M_4I_9]^{5-}$ SBU 组装而成［图 3-14(a)，1A-5］[139]，其也可以看作是两条常见的 α-$[MI_2]_n^{n-}$/$[M_2I_4]_n^{2n-}$ 链聚合而成［图 3-12 (a)，1A-1］。

β-$[Cu_4I_6]_n^{2n-}$ 和 γ-$[Cu_4I_6]_n^{2n-}$ 都是由四核的 γ-$[Cu_4I_8]^{4-}$ 簇（0A-16）通过 μ_3-I 原子连接而成，但是它们展现了不同的桥连模式：前者采取“上下上下”模式［图 3-14(g)，1A-11］[168]，而后者采取“上上下下”模式［图 3-14(h)，1A-12］[151]。Cu-I 体系的第四个结构类型是 δ-$[Cu_4I_6]_n^{2n-}$ 链，其是由不同的 $[Cu_4I_8]^{4-}$ 簇状 SBU 通过 μ_2-I 原子和 μ_3-I 原子组合而成［图 3-18(a)，1A-30］[126]。另外三个异构体仅出现在 Ag-I 体系，它们均是由不同簇状 SBUs 采用共边模式构筑形成：四核的 δ-$[Ag_4I_8]^{4-}$ 簇（0A-17）组装成 β-$[Ag_4I_6]_n^{2n-}$ 链［图 3-14(c)，1A-7］[164]；四核的立方烷形 α-$[Ag_4I_8]^{4-}$ 簇（0A-14）连接形成 γ-$[Ag_4I_6]_n^{2n-}$ 链［图 3-18(b)，1A-31］[184]；八核的 $[Ag_8I_{14}]^{6-}$ 簇状 SBU 聚合成 δ-$[Ag_4I_6]_n^{2n-}$ 链［图 3-18(c)，1A-32］[185]。

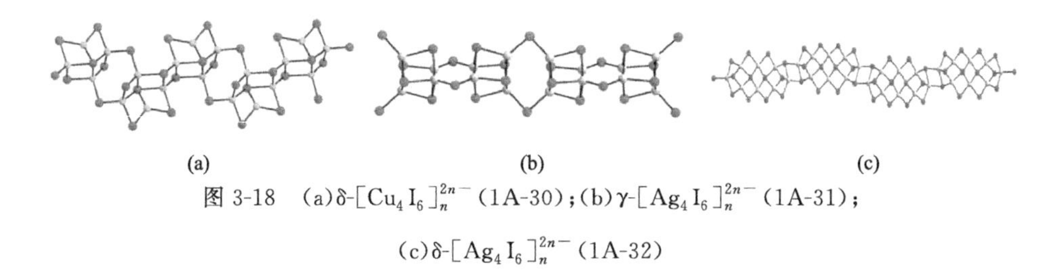

图 3-18 (a)δ-$[Cu_4I_6]_n^{2n-}$(1A-30)；(b)γ-$[Ag_4I_6]_n^{2n-}$(1A-31)；(c)δ-$[Ag_4I_6]_n^{2n-}$(1A-32)

3.2.1.5 具有 M_5I_x 组分的阴离子链

目前报道的含 M_5I_x 组分的阴离子链有六个结构类型。相比常见的线性或带状链，$[Ag_5I_6]_n^{n-}$ / $[Ag_{10}I_{12}]_n^{2n-}$ / $[Ag_{15}I_{18}]_n^{3n-}$ 链展现了有趣的柱状结构，其可以看作是由准五角形 $[Ag_5I_6]^{-}$ SUBs 通过共用 μ_3-I-Ag 键连接而成［图 3-19(a)，1A-33］[125,161,162]，然而同构的碘铜酸盐杂化物仍未见报道。

$[M_5I_7]_n^{2n-}$ 链具有四种异构体，前两者均出现在碘银/铜酸盐体系。五核的 $[M_5I_{10}]^{5-}$ / $[M_5I_9]^{4-}$ 簇状 SBU 组合形成线性的 α-$[M_5I_7]_n^{2n-}$ 链［图 3-19(b)，1A-34］[186,187] 和“Z”字形 β-$[M_5I_7]_n^{2n-}$ 链［图 3-19(c)，1A-35］[188,189]。其余两个异构体仅出现在碘银酸盐体系，它们是基于相同的 $[Ag_5I_{10}]^{5-}$ 单元构筑而成：① $[Ag_5I_{10}]^{5-}$ 单元采取顺式排列并通过共同 μ_3-I 原子聚合形成线性的 γ-$[Ag_5I_7]_n^{2n-}$ 链［图 3-19(d)，1A-36］[191]；② $[Ag_5I_{10}]^{5-}$ 单元采取反式排列并首先连接形成

$[Ag_{10}I_{18}]^{8-}$次级建筑单元，再进一步通过 μ_3-I 原子和 μ_5-I 原子连接形成"Z"字形 δ-$[Ag_5I_7]_n^{2n-}$ 链［图 3-19(e)，1A-37］[192]。

第六个结构类型中，$[Ag_5I_{10}]^{5-}$簇状 SBU 采用共顶点模式组装形成一维链状结构｛标记为 $[Ag_5I_9]_n^{4n-}$，图 3-19(f)，1A-38｝[193]。

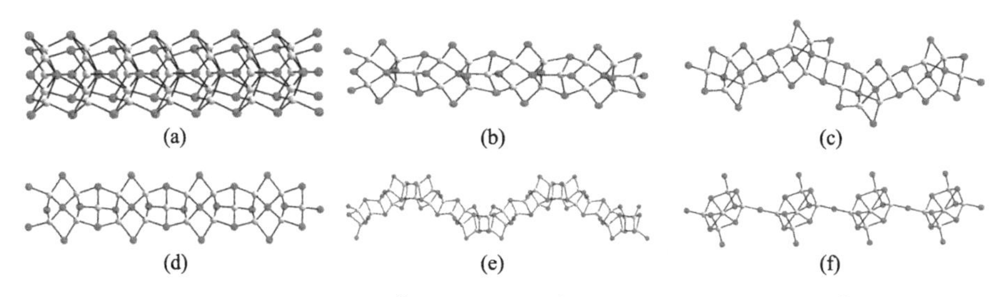

图 3-19 (a)$[Ag_5I_6]_n^{n-}$/$[Ag_{10}I_{12}]_n^{2n-}$/$[Ag_{15}I_{18}]_n^{3n-}$(1A-33)；(b)α-$[M_5I_7]_n^{2n-}$；(1A-34)；(c)β-$[M_5I_7]_n^{2n-}$/$[Cu_{10}I_{14}]_n^{4n-}$(1A-35)；(d)γ-$[Ag_5I_7]_n^{2n-}$(1A-36)；(e)δ-$[Ag_5I_7]_n^{2n-}$(1A-37)；(f)$[Ag_5I_9]_n^{4n-}$(1A-38)

3.2.1.6 具有 M_6I_x 组分的阴离子链

目前，具有 M_6I_x 组分的阴离子链仅出现在碘银酸盐体系，它们展现了相同的 Ag/I 比例和三个不同的结构类型：①不同于上述 $[Ag_6I_{12}]^{6-}$ SBU 基 δ-$[Ag_3I_5]_n^{2n-}$ 链［图 3-17（d），1A-24］，α-$[Ag_6I_9]_n^{3n-}$ 链可以看作是 $[Ag_6I_{12}]^{6-}$簇状 SBU 通过 μ_2-I 原子和 μ_4-I 原子组装而成［图 3-14（a），1A-5］[162]；② β-$[Ag_6I_9]_n^{3n-}$/$[Ag_{12}I_{18}]_n^{6n-}$ 链是由 $[Ag_6I_{11}]^{5-}$簇状 SBU 采取共边模式连接而成［图 3-20（a），1A-39］[194]；③ 与 α-$[Ag_6I_9]_n^{3n-}$ 链不同，γ-$[Ag_6I_9]_n^{3n-}$ 链中相邻的 $[Ag_6I_{12}]^{6-}$簇状 SBUs 彼此垂直并进一步聚合形成阴离子链［图 3-20(b)，1A-40］[122]。

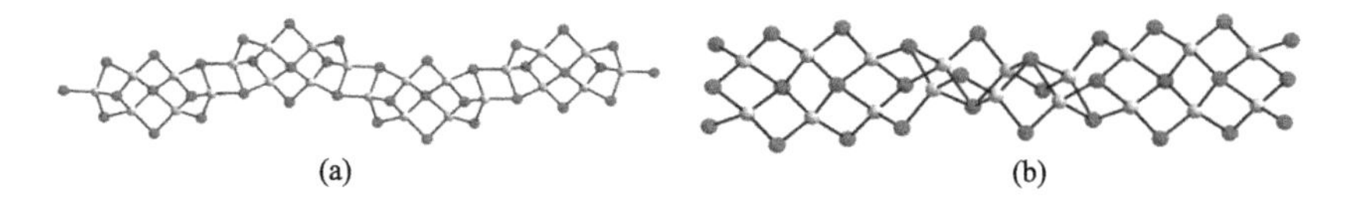

图 3-20 (a)β-$[Ag_6I_9]_n^{3n-}$/$[Ag_{12}I_{18}]_n^{6n-}$(1A-39)；(b)γ-$[Ag_6I_9]_n^{3n-}$(1A-40)

3.2.1.7 具有 M_7I_x/M_8I_x 组分的阴离子链

目前，具有 M_7I_x/M_8I_x 组分的阴离子链有五种结构类型。第一种结构类型是 $[Cu_7I_9]_n^{2n-}$ 链，其可以看作是五核的 $[Cu_5I_9]^{4-}$ 和双核的 $[Cu_2I_6]^{4-}$ 簇状 SBU 交替连接而成［图 3-21(a)，1A-41］[186]。对于 $[Cu_7I_{10}]_n^{3n-}$ 链，六核的 α-$[M_6I_{11}]^{5-}$ 簇［图 3-8(a)，0A-28］首先连接一个 MI_3 三角形形成 $[M_6I_{12}]^{6-}$ 簇状 SBU，进一步相邻的 SBUs 通过共边连接形成“Z”字形链［图 3-21(b)，1A-42］[124]。

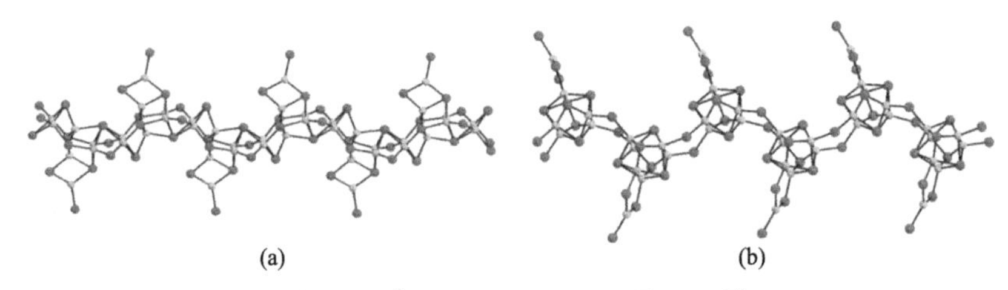

图 3-21 (a) $[Cu_7I_9]_n^{2n-}$ (1A-41)；(b) $[M_7I_{10}]_n^{3n-}$ (1A-42)

第三种和第四种结构类型是 $[Cu_8I_{11}]_n^{3n-}$ 链，其展现了一对异构体。在 α-$[Cu_8I_{11}]_n^{3n-}$ 链中，相邻的 $[Cu_8I_{13}]^{5-}$ 簇状 SBU 采用共边模式连接形成“Z”字形链［图 3-22(a)，1A-43］[186]。在 β-$[Cu_8I_{11}]_n^{3n-}$ 链中，$[Cu_8I_{14}]^{6-}$ 簇状 SBU 通过 μ_3-I 原子组装形成一维波纹状链［图 3-22(b)，1A-44］[154]。最后一种结构类型是 $[Ag_8I_{12}]_n^{4n-}$ 链，其可以看作是由八核的 $[Ag_8I_{14}]^{6-}$ 簇状 SBU 通过共顶点连接而成［图 3-22(c)，1A-45］[120]。

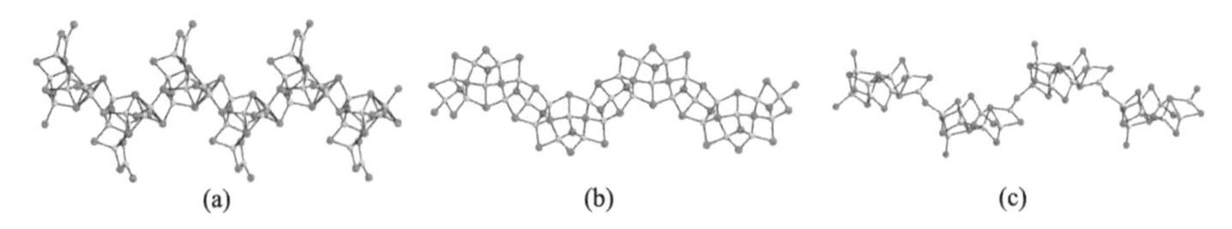

图 3-22 (a)α-$[Cu_8I_{11}]_n^{3n-}$(1A-43)；(b)β-$[Cu_8I_{11}]_n^{3n-}$(1A-44)；(c)$[Ag_8I_{12}]_n^{4n-}$(1A-45)

3.2.1.8 具有 $M_{10}I_x/M_{11}I_x$ 组分的阴离子链

具有 $M_{10}I_x/M_{11}I_x$ 组分的阴离子链展现了四种结构类型。除了上面描述的 $[Ag_5I_6]^-$ 簇状 SBU 基 $[Ag_{10}I_{12}]_n^{2n-}$ 链［图 3-19(a)，1A-33］[125] 和

$[Cu_5I_9]^{4-}$簇状 SBU 基 $[Cu_{10}I_{14}]_n^{4n-}$ 链［图 3-19(c)，1A-35］[190]，另外两种结构类型是 $[Ag_{10}I_{14}]_n^{4n-}$ 和 $[Ag_{11}I_{15}]_n^{4n-}$ 链。线性的 $[Ag_{10}I_{14}]_n^{4n-}$ 链是由 $[Ag_{10}I_{17}]^{7-}$ 簇状 SBU 采取共边模式组合而成［图 3-23(a)，1A-46］[187]。$[Ag_{11}I_{15}]_n^{4n-}$ 链可以看成是由 $[Ag_6I_{11}]^{5-}$ 簇状 SBU 连接形成 1D$[Ag_6I_{12}]_n^{6n-}$ 链，进一步相邻的链之间共用 μ_2-I 原子连接形成梯形链［图 3-23(b)，1A-47］[187]。

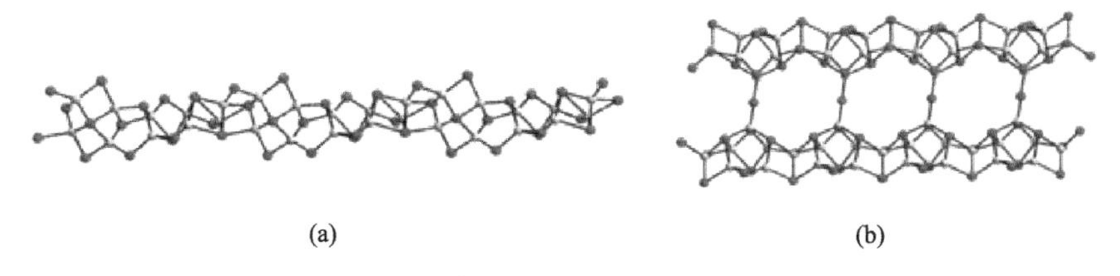

图 3-23 (a) $[Ag_{10}I_{14}]_n^{4n-}$(1A-46)；(b) $[Ag_{11}I_{15}]_n^{4n-}$(1A-47)

3.2.2 二维银/铜(Ⅰ)酸盐阴离子层

相比大量的零维簇和一维链状结构，报道的二维碘银/铜(Ⅰ)酸盐阴离子层状结构的数量相对较少（表 3-3），$[Ag_2I_3]_n^{n-}$、$[M_3I_4]_n^{n-}$、$[Ag_3I_6]_n^{3n-}$、$[M_4I_5]_n^{n-}$、$[M_5I_6]_n^{n-}$、$[Ag_5I_7]_n^{2n-}$、$[M_5I_8]_n^{3n-}$、$[M_6I_8]_n^{2n-}$、$[Ag_6I_9]_n^{3n-}$、$[M_6I_{11}]_n^{5n-}$、$[Ag_7I_9]_n^{2n-}$、$[Ag_7I_{10}]_n^{3n-}$、$[Ag_7I_{11}]_n^{4n-}$、$[Ag_8I_{11}]_n^{3n-}$、$[Ag_9I_{12}]_n^{3n-}$、$[M_{11}I_{15}]_n^{4n-}$ 和 $[Cu_{11}I_{17}]_n^{6n-}$ 阴离子层。

表 3-3 代表性的二维碘银/铜(Ⅰ)酸盐阴离子层状结构（标记为 2A）

编号	分子式	构筑块	共用模式	配位数(Ⅰ)	参考文献
2A-1	α-$[Ag_2I_3]_n^{n-}$	α-$[M_4I_8]^{4-}$簇(0A-14)	VSM	2,3	[196]
2A-2	β-$[Ag_2I_3]_n^{n-}$	$[Ag_4I_{10}]^{6-}$ SBU	ESM	2,3	[125]
2A-3	γ-$[Ag_2I_3]_n^{n-}$	—	—	2,3	[181]
2A-4	$[M_3I_4]_n^{n-}$/α-$[Ag_6I_8]_n^{2n-}$	$[M_3I_8]^{5-}$ SBU	ESM	3	[145,174,181]
2A-5	$[Ag_3I_6]_n^{3n-}$	$[Ag_6I_{12}]^{6-}$ SBU	VSM	2,3	[197]
2A-6	α-$[Ag_4I_5]_n^{n-}$	—	—	2～4	[196]
2A-7	β-$[Ag_4I_5]_n^{n-}$	$[Ag_4I_{10}]^{6-}$ SBU	ESM	3,4	[198]
2A-8	γ-$[Ag_4I_5]_n^{n-}$	—	—	3,4	[199]
2A-9	δ-$[Ag_4I_5]_n^{n-}$/$[Ag_8I_{10}]_n^{2n-}$	$[Ag_4I_9]^{5-}$ SBU	ESM	2～4	[200,201]
2A-10	ε-$[Ag_4I_5]_n^{n-}$	—	—	2～4	[202]
2A-11	$[Cu_4I_5]_n^{n-}$	$[Cu_4I_9]^{5-}$ SBU	ESM	3,4	[189]

续表

编号	分子式	构筑块	共用模式	配位数(Ⅰ)	参考文献
2A-12	α-$[M_5I_6]_n^{n-}$	—	—	4	[203]
2A-13	β-$[Cu_5I_6]_n^{n-}$	—	—	3,4	[204]
2A-14	$[Ag_5I_7]_n^{2n-}$	$[Ag_3I_7]^{4-}$ SBU+ $[Ag_7I_{13}]^{6-}$ SBU	ESM	2～4	[131]
2A-15	α-$[Ag_5I_8]_n^{3n-}$	$[Ag_5I_{10}]^{5-}$ SBU	VSM	2,3	[122]
2A-16	β-$[Ag_5I_8]_n^{3n-}$	$[Ag_5I_{10}]^{5-}$ SBU	VSM	2,3	[205]
2A-17	γ-$[Ag_5I_8]_n^{3n-}$	$[Ag_3I_8]^{5-}$ SBU+ $[Ag_4I_{10}]^{6-}$ SBU	ESM	2～4	[205]
2A-18	$[Cu_5I_8]_n^{3n-}$	$[Cu_3I_6]^{3-}$ SBU+ $[Cu_4I_{10}]^{6-}$ SBU	VSM ESM	2,3	[206]
2A-19	α-$[Cu_6I_8]_n^{2n-}$	CuI_3 三角形+ $[Cu_3I_7]^{4-}$ SBU	ESM	3	[148]
2A-20	β-$[Cu_6I_8]_n^{2n-}$	$[Cu_6I_{11}]^{5-}$ SBU	ESM	2～5	[145]
2A-21	β-$[Ag_6I_8]_n^{2n-}$	$[Ag_6I_{12}]^{6-}$ SBU	ESM	2～4	[207]
2A-22	γ-$[Ag_6I_8]_n^{2n-}$	$[Ag_6I_{11}]^{5-}$ SBU	VSM ESM	2～4	[19]
2A-23	$[Ag_6I_9]_n^{3n-}$	$[Ag_6I_{12}]^{6-}$ SBU	VSM ESM	2,3	[208]
2A-24	$[M_6I_{11}]_n^{5n-}$	$[M_3I_7]^{4-}$ SBU	VSM	2,3	[186,197]
2A-25	α-$[Ag_7I_9]_n^{2n-}$	$[Ag_7I_{13}]^{6-}$ SBU	ESM	2,3,5	[209]
2A-26	β-$[Ag_7I_9]_n^{2n-}$	—	—	2～5	[179]
2A-27	$[Ag_7I_{10}]_n^{3n-}$	$[Ag_{10}I_{18}]^{8-}$ SBU+ $[Ag_2I_5]^{3-}$ 簇(0A-2)	ESM	2～4	[155]
2A-28	$[Ag_7I_{11}]_n^{4n-}$	—	—	2～4	[131]
2A-29	$[Ag_8I_{11}]_n^{3n-}$	$[Ag_8I_{14}]^{6-}$ SBU	VSM ESM	2～4	[162]
2A-30	$[Ag_9I_{12}]_n^{3n-}$	$[Ag_9I_{16}]^{7-}$ SBU	ESM	2～4	[210]
2A-31	α-$[Ag_{11}I_{15}]_n^{4n-}$	$[Ag_6I_{10}]^{4-}$ SBU+ $[Ag_6I_{11}]^{5-}$ SBU	ESM	2～4	[180]
2A-32	β-$[Ag_{11}I_{15}]_n^{4n-}$	$[Ag_6I_{10}]^{4-}$ SBU+ $[Ag_3I_9]^{6-}$ SBU	ESM	2,3	[180]
2A-33	$[Cu_{11}I_{15}]_n^{4n-}$	$[Cu_9I_{17}]^{8-}$ SBU+ CuI_4 四面体	ESM	2～4	[97]

续表

编号	分子式	构筑块	共用模式	配位数(Ⅰ)	参考文献
2A-34	α-$[Cu_{11}I_{17}]_n^{6n-}$	$[Cu_3I_7]^{4-}$ SBU+ $[Cu_4I_8]^{4-}$ SBU+ $[Cu_6I_{12}]^{6-}$ SBU	ESM	1～3	[59]
2A-35	β-$[Cu_{11}I_{17}]_n^{6n-}$	$[Cu_4I_8]^{4-}$ SBU+ $[Cu_6I_{12}]^{6-}$ SBU+ $[Cu_{12}I_{22}]^{10-}$ SBU	ESM	1～3	[59]

注：配位数（Ⅰ）表示碘离子的配位数；M ＝ Ag(Ⅰ) 和 Cu(Ⅰ)；“VSM/ESM/FSM”表示“共顶点/共边/共面”模式

3.2.2.1 具有 M_2I_x 组分的阴离子层

具有 M_2I_x 组分的阴离子层仅出现在碘银酸盐体系，其展现了三种结构类型：①α-$[Ag_2I_3]_n^{n-}$ 层是由立方烷形 α-$[Ag_4I_8]^{4-}$ 簇［图 3-4(a)，0A-14］通过共用四个顶点连接形成［图 3-24(a)，2A-1］[196]；②β-$[Ag_2I_3]_n^{n-}$ 层是由 6 连接的 $[Ag_4I_{10}]^{6-}$ 簇状 SBU 构筑而成，如果将 SBU 作为节点，其结构可以简化为 hxl 拓扑网络［图 3-24(b)，2A-2］[125]；③不同于前两者簇状 SBUs 基结构，γ-$[Ag_2I_3]_n^{n-}$ 层可以看作是由 AgI_4 四面体先通过共边形成 1D Ag_2I_2 类梯状链，进一步相邻的链间通过 μ_2-I 原子桥连成二维的层状结构［图 3-24(c)，2A-3］[181]。

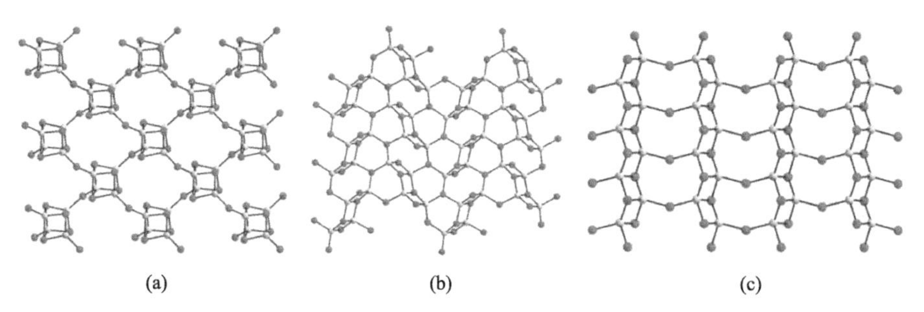

图 3-24 (a) α-$[Ag_2I_3]_n^{n-}$ (2A-1)；(b) β-$[Ag_2I_3]_n^{n-}$ (2A-2)；(c) γ-$[Ag_2I_3]_n^{n-}$ (2A-3)

3.2.2.2 具有 M_3I_x 组分的阴离子层

目前，具有 M_3I_x 组分的阴离子层仅有两种结构类型。$[M_3I_4]_n^{n-}$ 层是由 6 连接的 $[M_3I_8]^{5-}$ 簇状 SBU 共用外围的碘原子产生的［图 3-25(a)，2A-4］[145,174]。第二种结构类型仅出现在碘银酸盐体系，分子式为

$[Ag_3I_6]_n^{3n-}$。该层可以看作是两个相邻的不完整立方烷形 $[Ag_3I_7]^{4-}$ 单元首先聚集形成六核的 $[Ag_6I_{12}]^{6-}$ 簇状 SBU，进一步相邻的 SBUs 通过共用四个顶点连接成 2D 阴离子层［图 3-25(b)，2A-5］[197]。

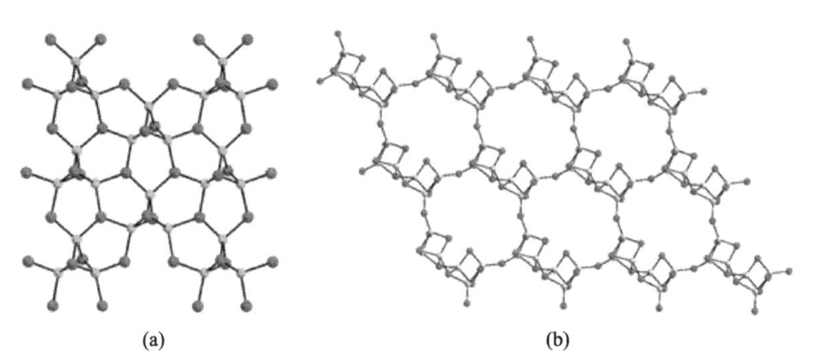

图 3-25 (a) $[M_3I_4]_n^{n-}$/α-$[Ag_6I_8]_n^{2n-}$ (2A-4)；(b) $[Ag_3I_6]_n^{3n-}$ (2A-5)

3.2.2.3 具有 M_4I_x 组分的阴离子层

具有 M_4I_x 组分的阴离子层具有六种结构类型，它们具有相同的 M/I 比例。$[Ag_4I_5]_n^{n-}$ 层展现了多样的异构现象：①α-$[Ag_4I_5]_n^{n-}$ 层可以看成是由 $[Ag_6I_6]_n$ 链和 $[AgI_3]_n^{2n-}$ 链交替连接而成［图 3-26(a)，

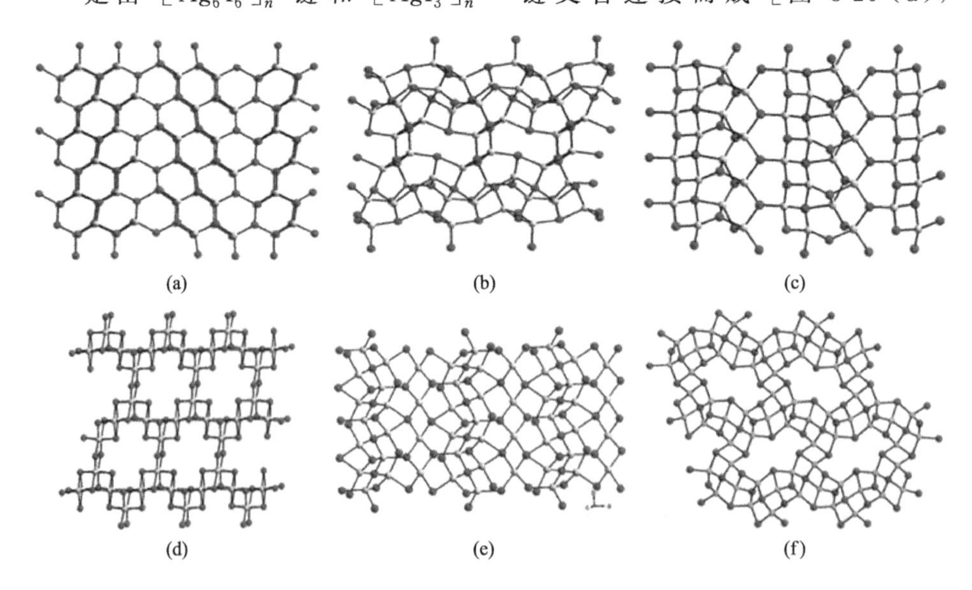

图 3-26 (a) α-$[Ag_4I_5]_n^{n-}$ (2A-6)；(b) β-$[Ag_4I_5]_n^{n-}$ (2A-7)；(c) γ-$[Ag_4I_5]_n^{n-}$ (2A-8)；(d) δ-$[Ag_4I_5]_n^{n-}$/$[Ag_8I_{10}]_n^{2n-}$ (2A-9)；(e) ε-$[Ag_4I_5]_n^{n-}$ (2A-10)；(f) $[Cu_4I_5]_n^{n-}$ (2A-11)

2A-6][196]；②在 β-$[Ag_4I_5]_n^{n-}$ 层中，$[Ag_4I_{10}]^{6-}$ 簇状 SBU 首先通过三个 μ_3-I 和 μ_4-I 原子连接形成链，然后相邻的链之间共用 μ_3-I-Ag 键形成聚阴离子层 [图 3-26（b），2A-7][198]；③ 类似于 α-$[Ag_4I_5]_n^{n-}$ 层，γ-$[Ag_4I_5]_n^{n-}$ 层也可以看作是由线性的 β-$[MI_2]_n^{n-}$ 链和类带状的 $[Ag_2I_4]_n^{2n-}$ 链交替形成 [图 3-26(c)，2A-8][199]；④δ-$[Ag_4I_5]_n^{n-}$ 层是由四核的 $[Ag_4I_9]^{5-}$ 簇状 SBU 通过共用 $\mu_{3\text{-}4}$-I 原子组合而成 [图 3-26（d），2A-9][200]；⑤ε-$[Ag_4I_5]_n^{n-}$ 层是由 AgI_4 单元桥连 $[Ag_6I_{13}]^{7-}$ SBU 基链聚合形成 [图 3-26（e），2A-10][202]。Cu-I 体系仅报道了一例 $[Cu_4I_5]_n^{n-}$ 层，其可以看成是由 3 连接的 $[Cu_4I_9]^{5-}$ 簇状 SBU 共边连接而成 [图 3-26(f)，2A-11][189]。

3.2.2.4 具有 M_5I_x 组分的阴离子层

具有 M_5I_x 组分的阴离子层有七种结构类型。有趣的是，α-$[M_5I_6]_n^{n-}$ 层可以看成是由两个平行排列和稍微波折的 M_3I_3 六元环基单层组成的，其中金属原子的占有率大约是碘原子的 5/6 倍 [图 3-27(a)，2A-12][203]。β-$[Cu_5I_6]_n^{n-}$ 层可以看作是由 α-$[Cu_2I_3]_n^{n-}$/$[Cu_4I_6]_n^{2n-}$ 链 [图 3-14(a)，1A-5] 通过 CuI_4 单元连接而成 [图 3-27（b），2A-13][204]。微孔 $[Ag_5I_7]_n^{2n-}$ 层是由 $[Ag_3I_7]^{4-}$ 和 $[Ag_7I_{13}]^{6-}$ 两种簇状 SBU 作为 3 连接节点组装而成 [图 3-27(c)，2A-14][131]。

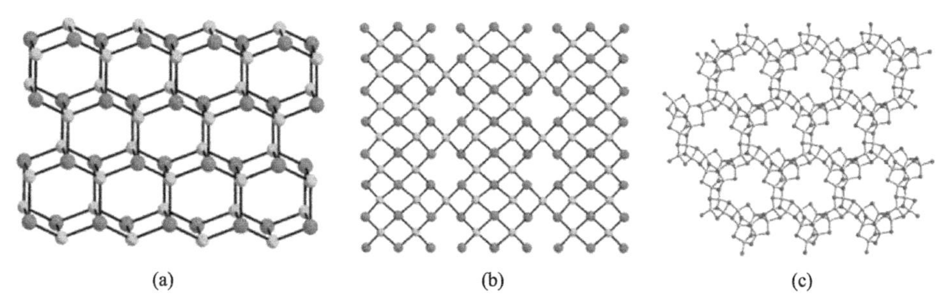

图 3-27　(a) α-$[M_5I_6]_n^{n-}$ (2A-12)；(b) β-$[Cu_5I_6]_n^{n-}$ (2A-13)；(c) $[Ag_5I_7]_n^{2n-}$ (2A-14)

$[Ag_5I_8]_n^{3n-}$ 层展现了三种异构体：①α-$[Ag_5I_8]_n^{3n-}$ 层能看作是每个五核的 $[Ag_5I_{10}]^{5-}$ 簇状 SBU 连接相邻的四个 SBUs 形成的，其也可以看成是上面介绍的 $[Ag_5I_{10}]^{5-}$ SBU 基 $[Ag_5I_9]_n^{4n-}$ 链 [图 3-19(f)，1A-38] 一个平面内进一步延伸 [图 3-28（a），2A-15][122]；② 与 α-

$[Ag_5I_8]_n^{3n-}$层不同，β-$[Ag_5I_8]_n^{3n-}$层是由新的$[Ag_5I_{10}]^{5-}$簇状SBU采取共顶点模式构筑而成［图3-28(b)，2A-16］[205]；③γ-$[Ag_5I_8]_n^{3n-}$层是由$[Ag_3I_8]^{5-}$和$[Ag_4I_{10}]^{6-}$两种簇状SBU共用Ⅰ-Ⅰ边连接形成［图3-28(c)，2A-17］[205]。$[Cu_5I_8]_n^{3n-}$层仅有一种结构类型，其是由$[Cu_3I_6]^{3-}$和$[Cu_4I_{10}]^{6-}$两种簇状SBU组合而成［图3-28(d)，2A-18］[206]。

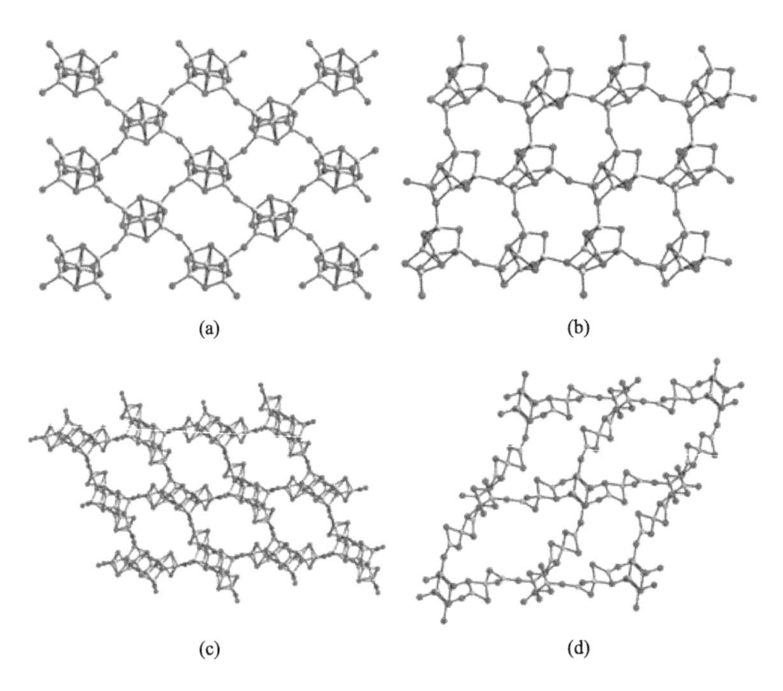

图3-28　(a) α-$[Ag_5I_8]_n^{3n-}$(2A-15)；(b) β-$[Ag_5I_8]_n^{3n-}$(2A-16)；(c) γ-$[Ag_5I_8]_n^{3n-}$(2A-17)；(d) $[Cu_5I_8]_n^{3n-}$(2A-18)

3.2.2.5　具有M_6I_x组分的阴离子层

具有M_6I_x组分的阴离子层有七种结构类型。$[M_6I_8]_n^{2n-}$层在Cu-I和Ag-I体系分别具有两种和三种异构体，且均是由不同的SBUs构筑而成：①α-$[Cu_6I_8]_n^{2n-}$层是由半立方烷形$[Cu_3I_7]^{4-}$簇状SBU和CuI_3三角形交替连接而成［图3-29(a)，2A-19］[148]；②β-$[Cu_6I_8]_n^{2n-}$层是由$[Cu_6I_{11}]^{5-}$簇状SBU聚合而成［图3-29(b)，2A-20］[145]；③α-$[Ag_6I_8]_n^{2n-}$层是由$[Ag_3I_8]^{5-}$簇状SBU共用外围的六个碘原子产生［图3-25(a)，2A-4］[181]；④β-$[Ag_6I_8]_n^{2n-}$层是由常见的$[Ag_6I_{12}]^{6-}$簇状

SBU 作为 4 连接节点构筑而成［图 3-29(c)，2A-21］[207]；⑤ γ-$[Ag_6I_8]_n^{2n-}$ 层是由 $[Ag_6I_{11}]^{5-}$ 簇状 SBU 通过共边和共顶点连接而成［图 3-29(d)，2A-22］[19]。

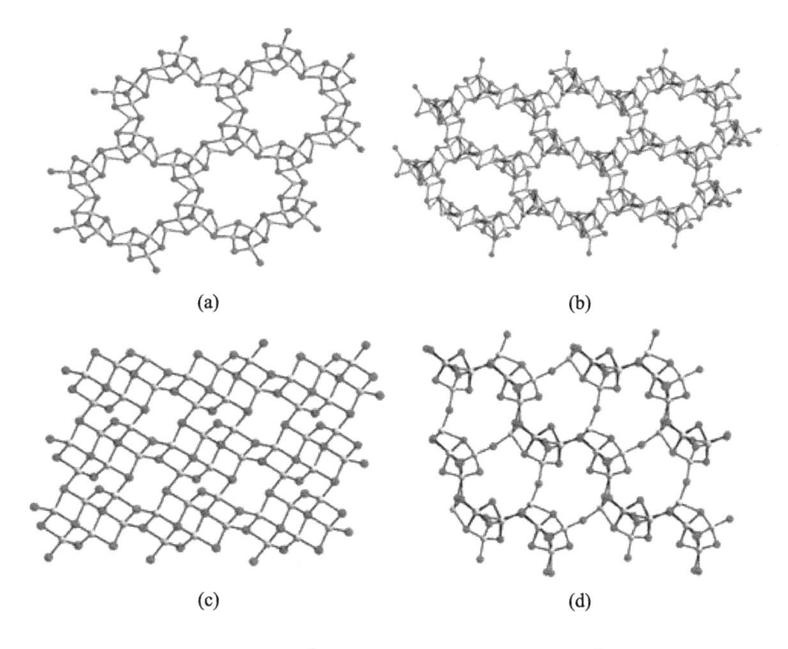

图 3-29 (a) α-$[Cu_6I_8]_n^{2n-}$(2A-19)；(b) β-$[Cu_6I_8]_n^{2n-}$(2A-20)；(c) β-$[Ag_6I_8]_n^{2n-}$(2A-21)；(d) γ-$[Ag_6I_8]_n^{2n-}$(2A-22)

类波纹状的 $[Ag_6I_9]_n^{3n-}$ 层是由不常见的 $[Ag_6I_{12}]^{6-}$ 簇状 SBU 作为 4 连接节点通过 μ_2-I(2) 和 μ_2-I(6) 原子连接形成［图 3-30(a)，2A-23］[208]。在 $[M_6I_{11}]_n^{5n-}$ 层中，每个常见的不完整立方烷形 $[M_3I_7]^{4-}$ SBU 通过顶点模式连接相邻的三个相同 SBUs 形成具有 24 元环的新颖 2D

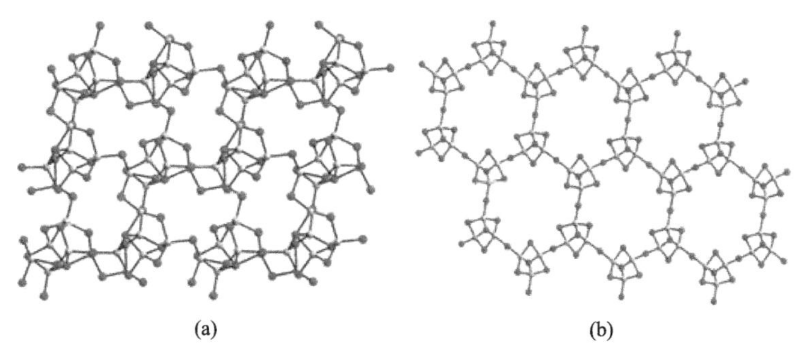

图 3-30 (a) $[Ag_6I_9]_n^{3n-}$(2A-23)；(b) $[M_6I_{11}]_n^{5n-}$(2A-24)

层状结构［图 3-30(b)，2A-24］[186,197]。

3.2.2.6 具有 M_7I_x 组分的阴离子层

具有 M_7I_x 组分的阴离子层仅出现在碘银酸盐体系，呈现出四种结构类型。$[Ag_7I_9]_n^{2n-}$ 层展现了一对异构体：①在 α-$[Ag_7I_9]_n^{2n-}$ 层中，七核的 $[Ag_7I_{13}]^{6-}$ 簇状 SBU 通过共用 I(1)、I(3) 和 I(4) 原子连接形成 1D $[Ag_7I_9]_n^{2n-}$ 链，然后相邻的链之间通过 I(5) 原子桥连形成类波纹状的层［图 3-31(a)，2A-25］[209]；②在 β-$[Ag_7I_9]_n^{2n-}$ 层中，六核的 $[Ag_6I_{12}]^{6-}$ 簇状 SBU 相互连接形成类柱状链，进一步相邻的链通过 Ag_2I_2 菱形单元连接形成二维的层［图 3-31(b)，2A-26］[179]。

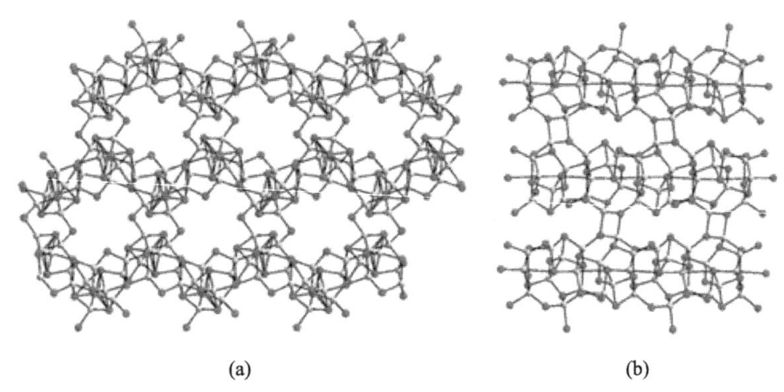

(a) (b)

图 3-31 (a) α-$[Ag_7I_9]_n^{2n-}$(2A-25)；(b) $[M_6I_{11}]_n^{5n-}$(2A-26)

第三种结构类型是 $[Ag_7I_{10}]_n^{3n-}$ 层，可以看成是由 $[Ag_2I_5]^{3-}$ 簇(0A-2) 和 $[Ag_{10}I_{18}]^{8-}$ 簇状 SBU 通过共边模式交替连接形成，其具有截面尺寸为 5.5Å×18.2Å 的 $Ag_{16}I_{16}$ 大环［图 3-32(a)，2A-27］[155]。第四种结构类型是 $[Ag_7I_{11}]_n^{4n-}$ 层，是由两种不同类型的 $[Ag_7I_{12}]_n^{5n-}$ 双链通过共边相互连接形成［图 3-32(b)，2A-28］[131]。

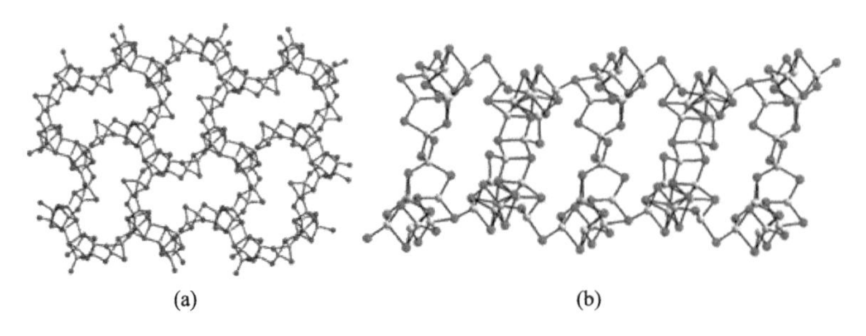

(a) (b)

图 3-32 (a) $[Ag_7I_{10}]_n^{3n-}$(2A-27)；(b) $[Ag_7I_{11}]_n^{4n-}$(2A-28)

3.2.2.7 具有 M_8I_x/M_9I_x 组分的阴离子层

具有 M_8I_x 和 M_9I_x 组分的阴离子层也是仅出现在碘银酸盐体系，呈现了三种 SBU 基结构类型：$[Ag_8I_{10}]_n^{2n-}$ 层能看作是由四核的 $[Ag_4I_9]^{5-}$ 簇状 SBU 通过共用 μ_{3-4}-I 原子组合而成［图 3-26(d)，2A-9］[201]；$[Ag_8I_{11}]_n^{3n-}$ 层可以看作是由 $[Ag_8I_{14}]^{6-}$ 簇状 SBU 通过共顶点和共边模式连接形成［图 3-33(a)，2A-29］[162]；$[Ag_9I_{12}]_n^{3n-}$ 层可以描述为 $[Ag_9I_{16}]^{7-}$ 簇状 SBU 通过共用 I-I 边组合而成［图 3-33(b)，2A-30］[210]。

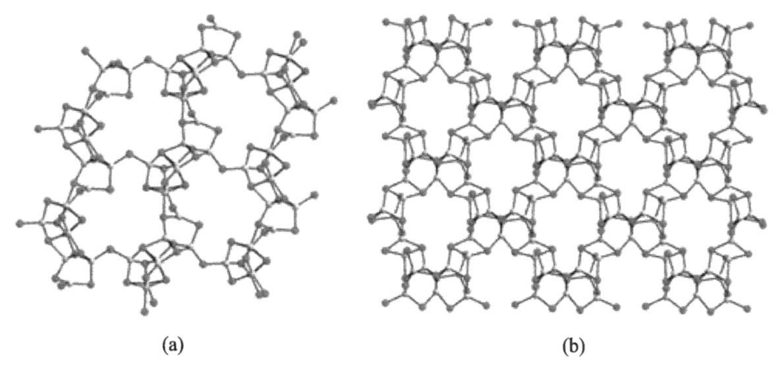

(a) (b)

图 3-33 (a) $[Ag_8I_{11}]_n^{3n-}$(2A-29)；(b) $[Ag_9I_{12}]_n^{3n-}$(2A-30)

3.2.2.8 具有 $M_{11}I_x$ 组分的阴离子层

具有 $M_{11}I_x$ 组分的阴离子层有五种结构类型，其中有两对异构体。第一对异构体是 $[Ag_{11}I_{15}]_n^{4n-}$ 层[180]：α-$[Ag_{11}I_{15}]_n^{4n-}$ 层是由 3 连接的 $[Ag_6I_{10}]^{4-}$ 和 $[Ag_6I_{11}]^{5-}$ 簇状 SBU 通过共用 I-I 边连接而成［图 3-34(a)，2A-31］，而 β-$[Ag_{11}I_{15}]_n^{4n-}$ 层是由 3 连接的 $[Ag_6I_{10}]^{4-}$ 和 $[Ag_3I_9]^{6-}$ 簇状 SBU 通过共用 I-I 边组合形成［图 3-34(b)，2A-32］。

其他三个结构类型仅出现在碘铜酸盐体系。$[Cu_{11}I_{15}]_n^{4n}$ 层可以看作是 $[Cu_9I_{17}]^{8-}$ 簇状 SBU 和 CuI_4 四面体单元通过共边模式构筑而成［图 3-35(a)，2A-33］[97]。$[Cu_{11}I_{17}]_n^{6n-}$ 层展现了两种异构体[59]：①在 α-$[Cu_{11}I_{17}]_n^{6n-}$ 层中，每个 $[Cu_3I_7]^{4-}$ 簇状 SBU 与相邻的一个 $[Cu_4I_8]^{4-}$ 簇状 SBU 和两个 $[Cu_6I_{12}]^{6-}$ 簇状 SBU 单元通过采用共边模式连接形成

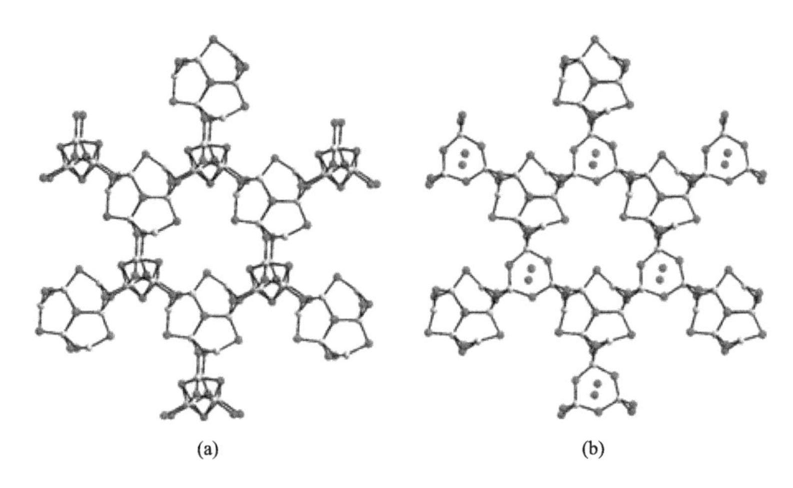

图 3-34 (a) α-$[Ag_{11}I_{15}]_n^{4n-}$（2A-31）；(b) β-$[Ag_{11}I_{15}]_n^{4n-}$（2A-32）

具有 24 元环窗口的阴离子层［图 3-35(b)，2A-34］；②在 β-$[Cu_{11}I_{17}]_n^{6n-}$ 层中，每个 $[Cu_6I_{12}]^{6-}$ 簇状 SBU 与相邻的两个 $[Cu_4I_8]^{4-}$ 簇状 SBU 和两个 $[Cu_{12}I_{22}]^{10-}$ 簇状 SBU 聚合形成另一个具有 24 元环窗口的阴离子层［图 3-35(c)，2A-35］。

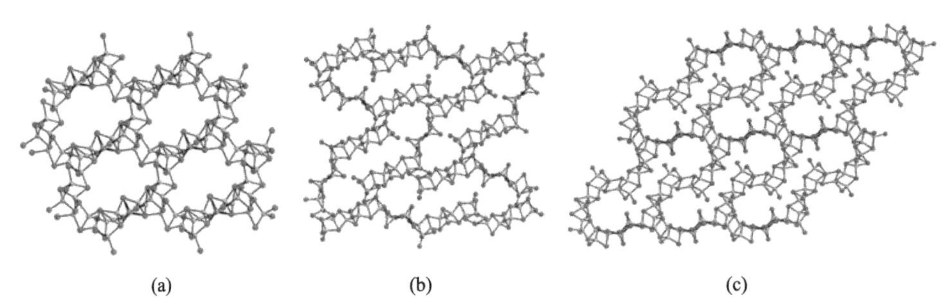

图 3-35 (a) $[Cu_{11}I_{15}]_n^{4n-}$（2A-33）；(b) α-$[Cu_{11}I_{17}]_n^{6n-}$（2A-34）；(c) β-$[Cu_{11}I_{17}]_n^{6n-}$（2A-35）

3.2.3 三维银/铜(Ⅰ)酸盐阴离子骨架

相比上述描述的结构，三维 Ag/Cu-I 阴离子骨架结构的数量较少，而且仅有 16 种类型报道（表 3-4），比如 $[AgI_2]_n^{n-}$、$[Ag_2I_4]_n^{2n-}$、$[Cu_2I_6]_n^{4n-}$、$[Ag_3I_4]_n^{n-}$、$[Ag_3I_6]_n^{3n-}$、$[Ag_3I_7]_n^{4n-}$、$[M_4I_6]_n^{2n-}$、$[Ag_5I_6]_n^{n-}$、$[Ag_5I_7]_n^{2n-}$、$[Cu_6I_8]_n^{2n-}$、$[M_8I_{10}]_n^{2n-}$、$[Ag_9I_{13}]_n^{4n-}$、$[Ag_{12}I_{16}]_n^{4n-}$、$[Cu_{12}I_{18}]_n^{6n-}$ 和 $[Ag_{13}I_{17}]_n^{4n-}$ 阴离子骨架。

表 3-4 代表性的三维碘银/铜（Ⅰ)酸盐阴离子骨架结构（标记为 3A）

编号	分子式	构筑块	共用模式	配位数(Ⅰ)	参考文献
3A-1	$[AgI_2]_n^{n-}$	AgI_4 四面体	VSM	2	[125]
3A-2	$[Ag_2I_4]_n^{2n-}$	AgI_4 四面体	VSM	2	[211]
3A-3	$[Cu_2I_6]_n^{4n-}$	—	—	2,4	[212]
3A-4	$[Ag_3I_4]_n^{n-}$	$[Ag_6I_{12}]^{6-}$ SBU	ESM	2～4	[157]
3A-5	$[Ag_3I_6]_n^{3n-}$	AgI_4 四面体	VSM	2	[160]
3A-6	$[Ag_3I_7]_n^{4n-}$	AgI_4 四面体	VSM	1,2	[160]
3A-7	$[M_4I_6]_n^{2n-}$	α-$[M_4I_8]^{4-}$ 簇(0A-14)	VSM	2,3	[60,125,199,213]
3A-8	$[Ag_5I_6]_n^{n-}$	—	—	4	[181]
3A-9	α-$[Ag_5I_7]_n^{2n-}$	$[Ag_5I_9]^{4-}$ SBU	ESM	2～4	[192]
3A-10	β-$[Ag_5I_7]_n^{2n-}$	$[Ag_8I_{15}]^{7-}$ SBU+AgI_4 四面体	ESM	1～4	[202]
3A-11	$[Cu_6I_8]_n^{2n-}$	$[Cu_3I_7]^{4-}$ SBU	ESM	3	[214]
3A-12	$[M_8I_{10}]_n^{2n-}$	—	—	3,4	[215]
3A-13	$[Ag_9I_{13}]_n^{4n-}$	$[Ag_3I_7]^{4-}$ SBU+$[Ag_6I_{12}]^{6-}$ SBU	VSM ESM	2～4	[214]
3A-14	$[Cu_{12}I_{18}]_n^{6n-}$	CuI_3 三角形+$[Cu_{10}I_{18}]^{8-}$ SBU	VSM ESM	2,3	[216]
3A-15	$[Ag_{12}I_{16}]_n^{4n-}$	$[Ag_{12}I_{19}]^{7-}$ SBU	VSM	2,3,6	[191]
3A-16	$[Ag_{13}I_{17}]_n^{4n-}$	$[Ag_6I_{13}]^{7-}$ SBU+$[Ag_7I_{13}]^{6-}$ SBU	ESM	2～5	[180]

注：配位数（Ⅰ）表示碘离子的配位数；M=Ag(Ⅰ) 和 Cu(Ⅰ)；“VSM/ESM/FSM”表示“共顶点/共边/共面”模式。

3.2.3.1 具有 MI_x/M_2I_x 组分的阴离子骨架

具有 MI_x/M_2I_x 组分的 3D 阴离子骨架有三种结构类型。$[AgI_2]_n^{n-}$ 和 $[Ag_2I_4]_n^{2n-}$ 骨架都是由原始的 AgI_4 四面体单元通过共顶点连接而成。有趣的是，由于 Ag-I-Ag 键角细微的差异，使得 $[AgI_2]_n^{n-}$ 骨架和 $[Ag_2I_4]_n^{2n-}$ 骨架分别展现了方石英和磷石英拓扑类型，且前者出现在化合物 [(N-mepipzH)(AgI_2)]$_n$ 中 [图 3-36(a)，3A-1][125]，而后者则出现在一系列同构的化合物 $[M(en)_3][Ag_2I_4]$ (en= 乙二胺，M=Zn^{2+}、Ni^{2+}、Mn^{2+}、Cd^{2+} 和 Mg^{2+}) 中 [图 3-36(b)，3A-2][211]。与上述骨架构建方式明显不同，3D 柱状链基 $[Cu_2I_6]_n^{4n-}$ 骨架可以看成是由 $[Cu_2I_2]_n$ 链通过 μ_2-I 原子连接形成 [图 3-36(c)，3A-3][212]。

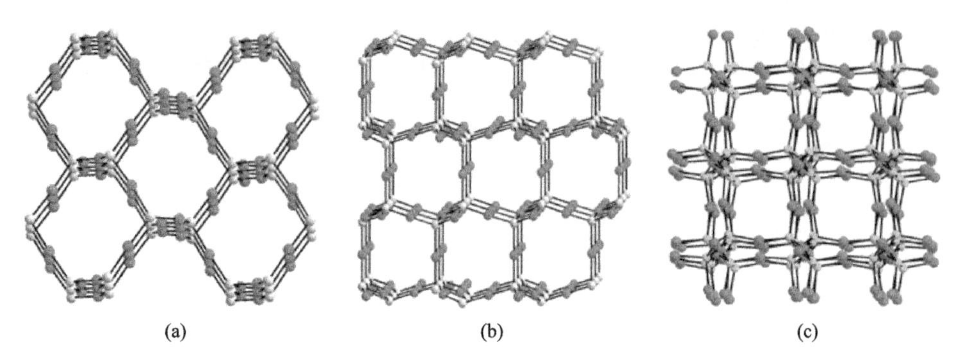

图 3-36　(a) $[AgI_2]_n^{n-}$ (3A-1)；(b) $[Ag_2I_4]_n^{2n-}$ (3A-2)；(c) $[Cu_2I_6]_n^{4n-}$ (3A-3)

3.2.3.2　具有 M_3I_x 组分的阴离子骨架

具有 M_3I_x 组分的阴离子骨架有三种结构类型。$[Ag_3I_4]_n^{n-}$ 骨架可以看成是由常见的 $[Ag_6I_{12}]^{6-}$ 簇状 SBU 共用 I(4) 和 I(4A) 原子形成两条相互垂直的链。然后，相邻的链交替排列，并进一步通过共边模式连接形成一个具有 10×10×13 元环通道的 3D 开放骨架［图 3-37(a)，3A-4］[157]。如果把 $[Ag_6I_{12}]^{6-}$ 簇状 SBU 作为一个节点，该骨架可以简化成 pcu 拓扑网络。类似于上述描述的 $[AgI_2]_n^{n-}$ 和 $[Ag_2I_4]_n^{2n-}$ 骨架，$[Ag_3I_6]_n^{3n-}$［图 3-37(b)，3A-5］[160] 和 $[Ag_3I_7]_n^{4n-}$［图 3-37(c)，3A-6］[160] 骨架也能看作是由原始的 AgI_4 四面体单元通过共顶点连接而成，并且展现了有趣的三元环次级单元和罕见的奇数孔道。如果把 AgI_4 四面体中的银原子作为一个节点，两个阴离子骨架分别可以简化成一个 afw 和 bcn 拓扑网络。

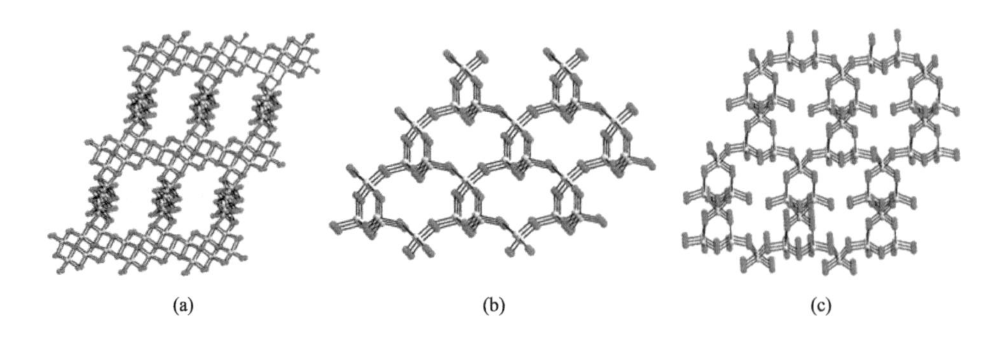

图 3-37　(a) $[Ag_3I_4]_n^{n-}$ (3A-4)；(b) $[Ag_3I_6]_n^{3n-}$ (3A-5)；(c) $[Ag_3I_7]_n^{4n-}$ (3A-6)

3.2.3.3 具有 M_4I_x 组分的阴离子骨架

具有 M_4I_x 组分的阴离子骨架仅有一种结构类型，分子式为 $[M_4I_6]_n^{2n-}$，其可以看成是由常见的 α-$[M_4I_8]^{4-}$ 簇（0A-14）与四个相邻的簇单元之间通过共顶点模式连接形成非穿插的 3D 开放骨架（图 3-38，3A-7）。值得注意的是，由于 M-I-M 键角具有较宽的范围，报道的化合物展现了三个不同的拓扑网络类型：①化合物 $\{[MC]_2[Cu_4I_6]\}_n$[60] 和 $\{[BCP]_2[Ag_4I_6]\}_n$[199]（MC^+ = *N*-甲基-4-氰基吡啶鎓盐；BCP^+ = *N*-苄基-4-氰基吡啶鎓盐）中，阴离子骨架可以简化成 β-方石英拓扑网络；②化合物 $[(N\text{-mepipzH}_2\cdot 2DMSO)(Ag_4I_6)]_n$[125] 中（*N*-mepipz=*N*-甲基哌嗪），阴离子骨架可以简化成 γ-Si(gsi) 拓扑网络；③化合物 $\{[PC]_2[Ag_4I_6]\}_n$、$\{[BC]_2[Ag_4I_6]\}_n$ 和 $\{[IPC]_2[Ag_4I_6]\}_n$[213] 中（PC^+ = *N*-丙基-4-氰基吡啶鎓盐；BC^+ = *N*-丁基-4-氰基吡啶鎓盐；IPC^+ = *N*-异戊基-4-氰基吡啶鎓盐），阴离子骨架可以简化成 α-方石英拓扑网络。

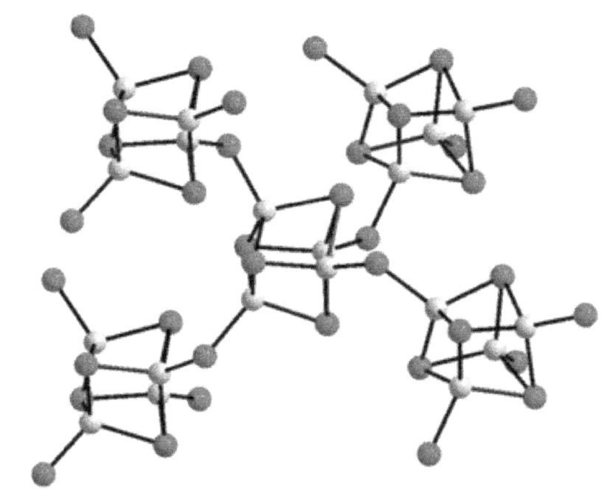

图 3-38 $[M_4I_6]_n^{2n-}$（3A-7）阴离子骨架结构示意图

3.2.3.4 具有 M_5I_x 组分的阴离子骨架

具有 M_5I_x 组分的阴离子骨架仅出现在碘银酸盐体系，且有三种结构类型。值得注意的是，在 $[Ag_5I_6]_n^{n-}$ 骨架中银原子采取两种不同的配位环境：常见的畸变 AgI_4 四面体和不同寻常的畸变 AgI_6 八面体。AgI_4 四面体共边形成线性 $[Ag_2I_4]_n^{2n-}$ 链，而 AgI_6 八面体采取共面模式组装形成未预期的 $[Ag_2I_6]_n^{4n-}$ 链，两种不同组成的链进一步通过共边模式交替连接产生一个具有12元环孔道的3D开放骨架［图3-39(a)，3A-8］[181]。另外两个结构类型的分子式为$[Ag_5I_7]_n^{2n-}$，其展现了一对异构体：①α-$[Ag_5I_7]_n^{2n-}$骨架可以描述成$[Ag_5I_9]^{4-}$簇状SBU通过共用I-I边连接形成，也可以看作是由“Z”字形β-$[M_5I_7]_n^{2n-}$链［图3-19(c)，1A-35］通过弱的Ag-I键延伸成3D骨架［图3-39(b)，3A-9］[192]；②β-$[Ag_5I_7]_n^{2n-}$骨架是由$[Ag_8I_{15}]^{7-}$簇状SBU基链通过扭曲的AgI_4四面体单元桥连而成［图3-39(c)，3A-10］[202]。

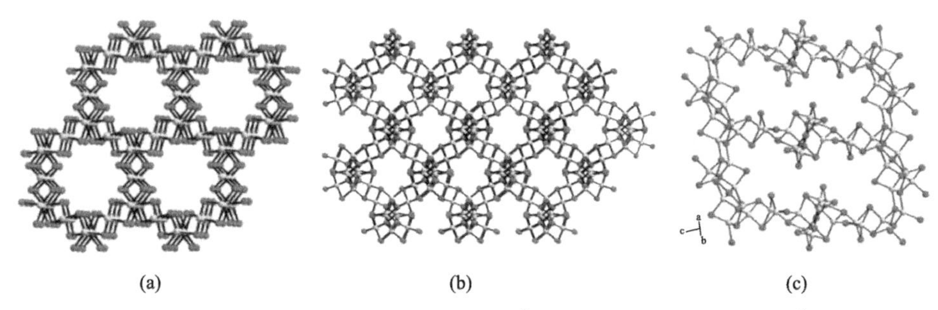

图3-39 (a) $[Ag_5I_6]_n^{n-}$(3A-8)；(b) α-$[Ag_5I_7]_n^{2n-}$(3A-9)；(c) β-$[Ag_5I_7]_n^{2n-}$(3A-10)

3.2.3.5 具有M_6I_x组分的阴离子骨架

目前，仅报道了一个具有M_6I_x组分的阴离子骨架例子$\{[N\text{-Bz-Py}]_2[Cu_6I_8]\}_n$($N$-Bz-$Py^+$=$N$-苄基吡啶鎓盐)[214]。值得注意的是，该阴离子骨架是由常见的不完整类立方烷$[Cu_3I_7]^{4-}$簇状SBU作为3连接节点构筑而成的（图3-40，3A-11），且其展现了罕见的单手性（10,3)-a拓扑网络。

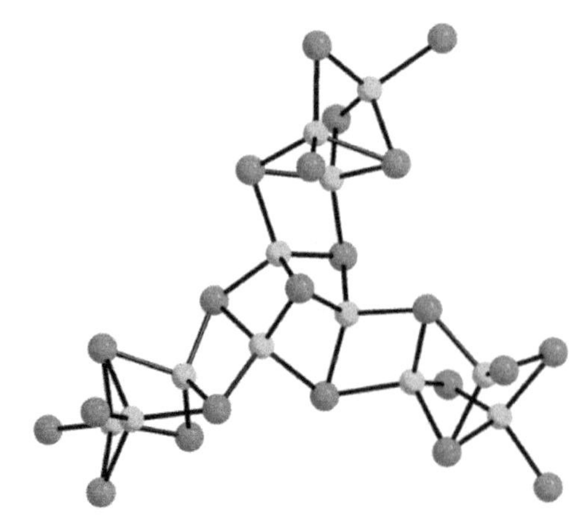

图3-40 $[Cu_6I_8]_n^{2n-}$(3A-11)阴离子骨架结构示意图

3.2.3.6 具有 M_8I_x 组分的阴离子骨架

具有 M_8I_x 组分的阴离子骨架仅有一种结构类型，分子式为 $[M_8I_{10}]_n^{2n-}$。该骨架可以看成是由 MI_4 四面体通过共边和共角相互连接形成 1D $[Cu_8I_{12}]_n^{4n-}$ 链，其进一步与相邻的四条链通过共用四个端基碘原子连接形成具有大的 $[Cu_{12}I_{12}]$ 24 元环孔道的三维阴离子骨架（图 3-41，3A-12）[215]。

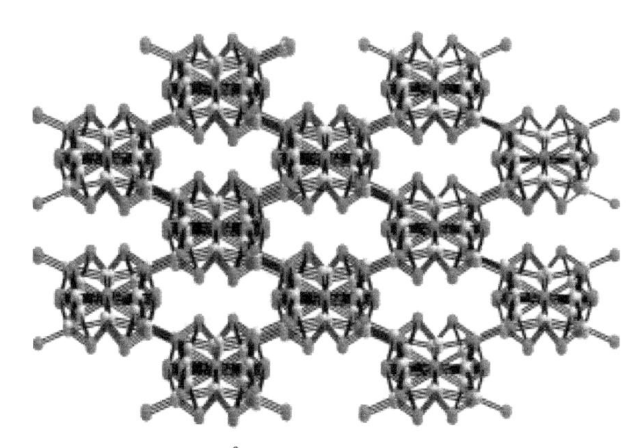

图 3-41 $[M_8I_{10}]_n^{2n-}$（3A-12）阴离子骨架结构示意图

3.2.3.7 具有 M_9I_x 组分的阴离子骨架

具有 M_9I_x 组分的阴离子骨架仅出现在碘银酸盐体系，且只有一个例子报道：$[N\text{-Bz-Py}]_4$ $[Ag_9I_{13}]$（$N\text{-Bz-Py}^+$ = N-苄基吡啶鎓盐）[214]，该 3D 阴离子骨架可以看成是由常见的不完整类立方烷 $[Ag_3I_7]^{4-}$ 簇状 SBU 和六核的 $[Ag_6I_{12}]^{6-}$ 簇状 SBU 交替连接形成，其中两类簇状 SBUs 均为 3 连接节点（图 3-42，3A-13）。

3.2.3.8 具有 $M_{12}I_x/M_{13}I_x$ 组分的阴离子骨架

具有 $M_{12}I_x/M_{13}I_x$ 组分的阴离子骨架有三种结构类型。$[Cu_{12}I_{18}]_n^{6n-}$ 骨架可以看作是十核的 $[Cu_{10}I_{18}]^{8-}$ 簇状 SBU 与 CuI_3 三角形单元先通过共顶点和共边模式聚合形成 1D 链，进一步相邻的链间通过 CuI_3 三角形单元连接形成具有 27 元环窗口的 3D 骨架［图 3-43(a)，3A-14］[216]。$[Ag_{12}I_{16}]_n^{4n-}$ 骨架是由 6 连接的 $[Ag_{12}I_{19}]^{7-}$ 簇状 SBU 采取共顶点模式构建而成［图 3-43(b)，3A-15］[191]，而 $[M_{14}I_{19}]^{5-}$ 簇状 SBU 基

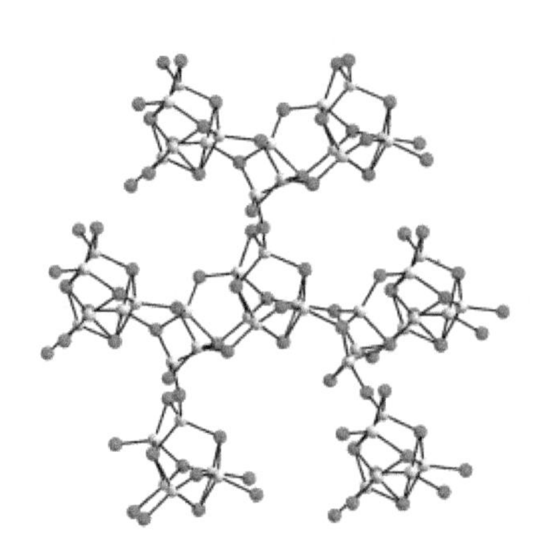

图 3-42 $[Ag_9I_{13}]_n^{4n-}$(3A-13)阴离子骨架结构示意图

$[M_{14}I_{16}]_n^{2n-}$ 骨架由于单质子化的三乙烯二胺阳离子配位到阴离子骨架[217,218]，其结构并未在这里进行描述。不同于上述的结构，两个类似的 $[Ag_6I_{13}]^{7-}$ 和 $[Ag_7I_{13}]^{6-}$ 簇状 SBUs 交替连接形成具有（10，3）拓扑网络和四重螺旋特性的 3D$[Ag_{13}I_{17}]_n^{4n-}$ 开放骨架［图 3-43(c)，3A-16］[180]。

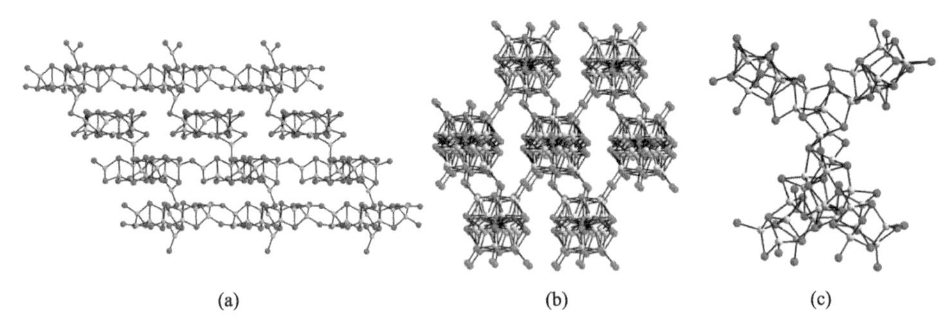

图 3-43 (a) $[Cu_{12}I_{18}]_n^{6n-}$(3A-14)；(b) $[Ag_{12}I_{16}]_n^{4n-}$(3A-15)；(c) $[Ag_{13}I_{17}]_n^{4n-}$(3A-16)

基于上述的结构描述，可以发现碘银（Ⅰ）酸盐和碘铜（Ⅰ）酸盐体系之间的主要结构共性体现在它们更灵活的构筑方式，比如：由于 Ag(Ⅰ)/Cu(Ⅰ) 离子多样的配位数（配位数=2、3、4 和 6）、碘离子多样的连接模式（端基、$\mu_{2\sim8}$ 桥连）、良好的动力学和低的键能特性导致这类阴离子均展现了多样的结构、维数和多形态现象。特别是，除了强的成簇特性和多样的异构现象外，基于相同的构筑块无机组分也展现了良好的维数延伸特性。例如：使用典型的离散 α-$[M_4I_8]^{4-}$ 阴离子簇（0A-14）作为构筑块可以延伸成 1D γ-$[Ag_4I_6]_n^{2n-}$ 阴离子链（1A-31）、2D α-$[Ag_2I_3]_n^{n-}$ 阴离子层（2A-1）和 3D$[M_4I_6]_n^{2n-}$ 阴离子骨架［3A-7，不同的拓扑类型：γ-Si(gsi) 或 α-/β-方石英］。以及基于［$Ag_6I_{12}]^{6-}$ SBU 作为构筑块可以延伸成 1D 阴离子链｛不同的类型：α-$[Ag_6I_9]_n^{3n-}$（1A-5）、δ-$[Ag_3I_5]_n^{2n-}$（1A-24）和 γ-$[Ag_6I_9]_n^{3n-}$（1A-40)｝、2D β-$[Ag_6I_8]_n^{2n-}$ 阴离子层（2A-21）和 3D$[Ag_3I_4]_n^{n-}$ 阴离子骨架（3A-4）。不同寻常地，最简单的 MI_4 四面体采用共角模式可以组装成罕见的 0D 环状的［$Ag_4I_{12}]^{8-}$ 阴离子簇（0A-19）、1D $[AgI_3]_n^{2n-}$ 阴离子链（1A-3）和经典的卤化物沸石型 $[AgI_2]_n^{n-}$（3A-1）、$[Ag_2I_4]_n^{2n-}$（3A-2）、$[Ag_3I_6]_n^{3n-}$（3A-5）和 $[Ag_3I_7]_n^{4n-}$（3A-6）阴离子骨架（图 3-44）。然而，由于 Ag—I 比 Cu—I 拥有更长的键长和 AgI_4^{3-} 单元比 CuI_4^{3-} 单元具有更低的平均电荷密度，导致碘银酸盐（Ⅰ）体系与碘铜酸盐（Ⅰ）体系具有一定的结构差异性，这种现象类似于碘铋酸盐和碘铅酸盐体系。具体的差别是：与碘铜酸盐体系相比，碘银酸盐体系更倾向于形成高维数的结构（2D 阴离子层和 3D 阴离子骨架）及其具有更加多样的形态。

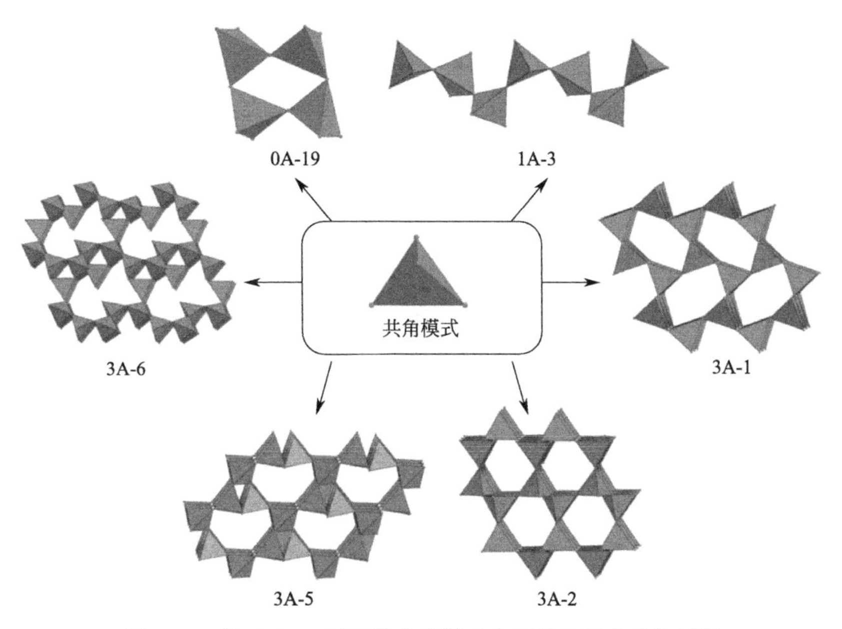

图 3-44　基于 AgI_4 四面体共角模式实现无机组分维数延伸

第 4 章　碘银/铜（Ⅰ）酸盐体系的导向合成规律

众所周知，在碘银/铜（Ⅰ）酸盐无机骨架构建中，多样的因素影响最终的杂化物合成，如：起始反应物的浓度和比例、反应时间和温度、溶剂的性质和结构导向剂（SDA）等，因此可控合成该类杂化物仍是一个挑战性的课题。在众多影响因素中，结构导向剂的电荷密度、尺寸、对称性和弱相互作用被看作是最重要的内部因素。例如，2016 年，雷晓武课题组使用碘化钾、四水合醋酸锰、碘化银、邻菲罗啉、氢碘酸和乙腈作为起始反应物，调变过渡金属盐和碘化银的比例（1∶2 或 1∶6）获得两例结构不同的碘银酸盐杂化物：$[Mn(phen)_3]_2Ag_3I_7$ 和 $[Mn(phen)_3]Ag_5I_7$，前者的阴离子结构为零维的 $[Ag_3I_7]^{4-}$ 簇（0A-8），而后者的阴离子结构为基于“$[Ag_3I_7]^{4-}$ SBU＋$[Ag_7I_{13}]^{6-}$ SBU”组装的二维的 $[Ag_5I_7]_n^{2n-}$ 层（2A-14）[131]。1999 年，A. Nurtaeva 等人将饱和的碘化铯水溶液加入碘化亚铜、苯并-15-冠醚-5、抗坏血酸的丙酮溶液中，最终混合物在回流状态下加热 2h 直到形成清液。允许溶液缓慢地冷却，两天后获得无色长针状晶体 $CsCu_2I_3$，然而 24h 后得到黄色的柱状晶体 $[Cs(C_{14}H_{20}O_5)]_2[Cu_4I_6]$（$C_{14}H_{20}O_5$＝苯并-15-冠醚-5），两者的阴离子结构分别为一维的 α-$[M_2I_3]_n^{n-}$ 链（1A-5）和零维的 $[Cu_4I_6]^{2-}$ 簇（0A-11）[219]。1990 年，S. Jagner 研究小组使用四苯基磷酸盐碘化物与碘化银作为反应物在乙腈溶剂或“*N*，*N*-二甲基甲酰胺＋水”混合溶剂中分别形成了两个碘银酸盐杂化物：$[PPh_4][Ag_4I_8]$ 或 $[PPh_4][Ag_3I_4]$，前者结构为零维的 β-$[Ag_4I_8]^{4-}$ 阴离子簇（0A-15），而后者结构为一维的

α- $[Ag_3I_4]_n^{n-}$ 阴离子链（1A-15）[220]。然而，文献调研发现这些起始反应物的浓度和比例、反应时间和温度、溶剂的性质等外界因素很少系统地研究，因此下面的内容主要从最终晶体结构来讨论结构导向剂对无机组分的影响。特别是，不同于传统的离散结构导向剂，最近基于 π…π 堆积作用或氢键相互作用组装“相同的有机阳离子”或“有机阳离子＋中性溶剂分子/有机阴离子/无机阴离子”形成的新颖的超分子结构导向剂展现了有趣的协同导向效应，但是这些工作还未总结和进一步分析。这部分主要描述一些代表性的结构导向剂和它们的导向效应（表 4-1）。

表 4-1　一些代表性阳离子（称为结构导向剂，SDA）的编号、结构分子式和电荷

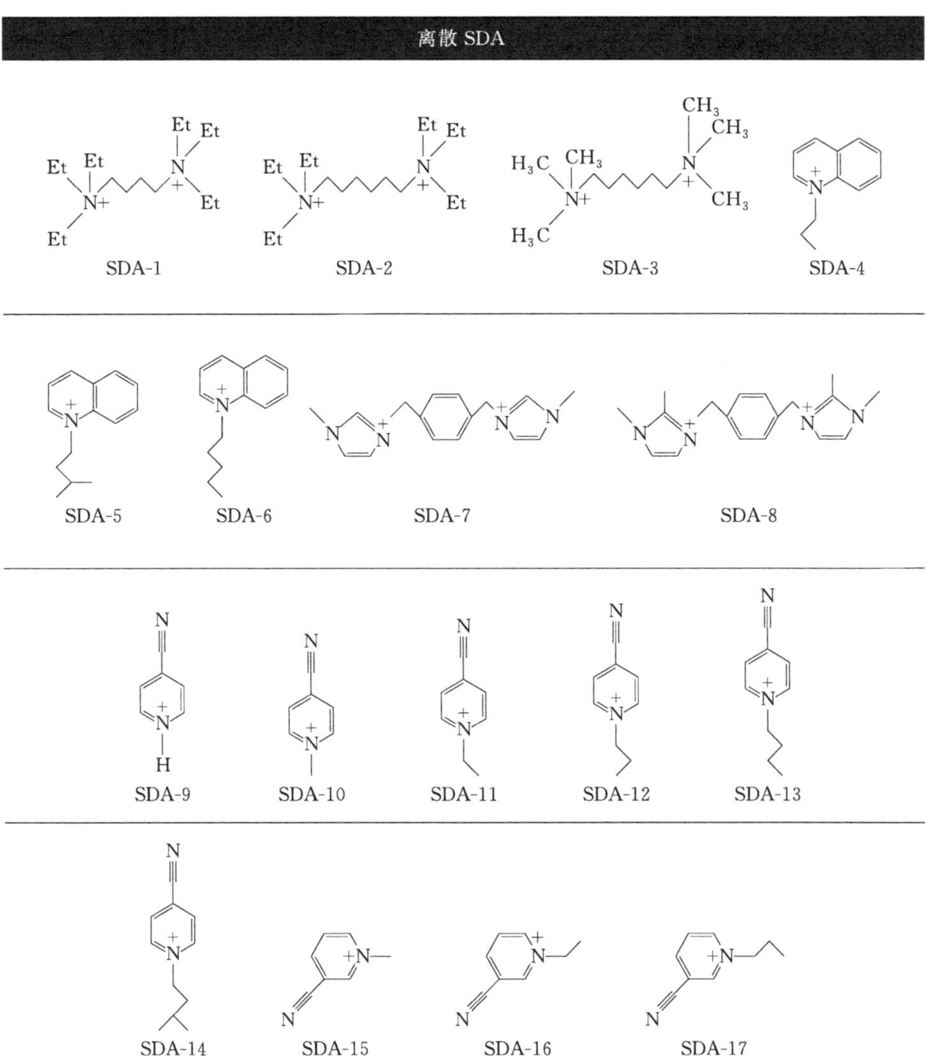

续表

离散 SDA

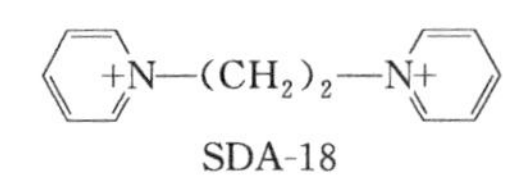

SDA-18

$+N—(CH_2)_4—N+$

SDA-19

$+N—(CH_2)_6—N+$

SDA-20

$+N—(CH_2)_8—N+$

SDA-21

$H_2N+\ +NH—$

SDA-22

$H_2N+\ +NH_2$

SDA-23

超分子 SDA

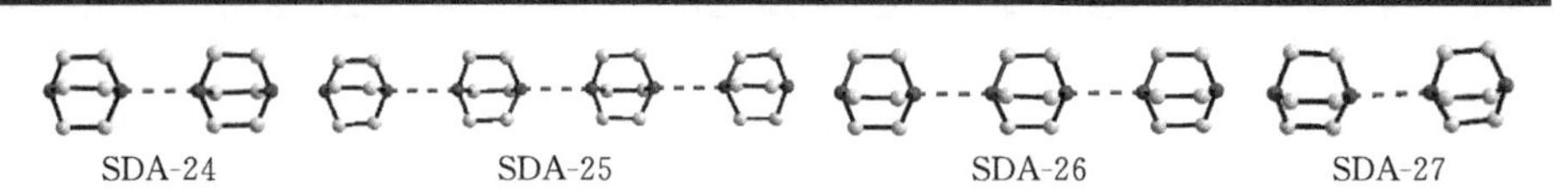

SDA-24 SDA-25 SDA-26 SDA-27

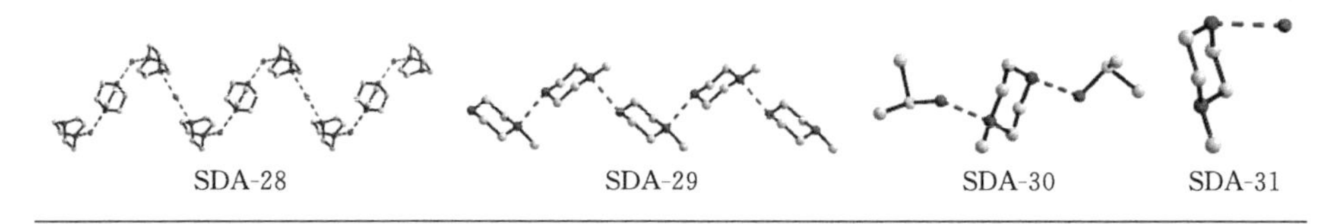

SDA-28 SDA-29 SDA-30 SDA-31

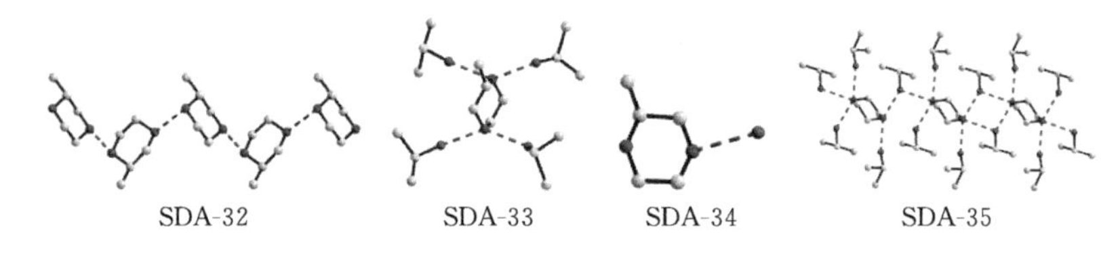

SDA-32 SDA-33 SDA-34 SDA-35

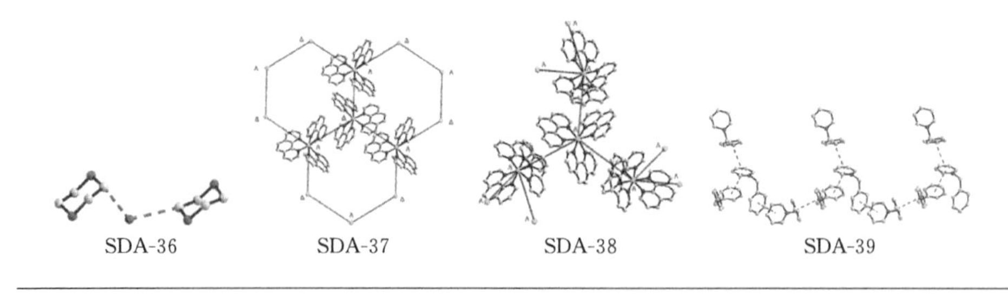

SDA-36 SDA-37 SDA-38 SDA-39

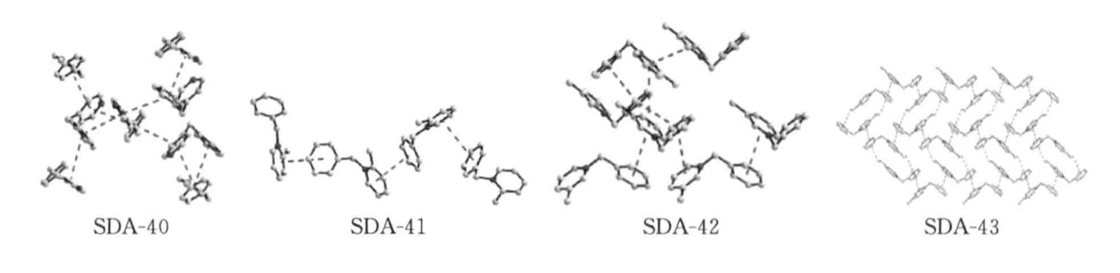

SDA-40 SDA-41 SDA-42 SDA-43

4.1 离散结构导向剂影响无机组分

4.1.1 间隔和取代基效应

2006 年，李浩宏等研究了大尺寸的结构导向剂（SDA）上配体间隔和端基取代基对碘银酸盐无机骨架的影响（SDA-1、SDA-2 和 SDA-3，表 4-1）。研究结果表明，随着结构导向剂空间体积的增大（间隔和取代基长度），无机组分的结构趋于复杂化，导致形成不同类型的阴离子链[α-$[Ag_4I_6]_n^{2n-}$（1A-5）、δ-$[Ag_5I_7]_n^{2n-}$（1A-37）和 δ-$[Ag_4I_6]_n^{2n-}$（1A-32）][185]。这种趋势也能在具有不同 *N*-取代基的大共轭喹啉鎓盐阳离子-碘铜酸盐/碘银酸盐体系观察到[221-224]。具体如下：随着 *N*-取代基从正丙基到正戊基调变（SDA-4、SDA-5 和 SDA-6），形成更复杂的无机阴离子结构。最近，L. Li 等人使用 C_2-对称性的 SDA-7 或 SDA-8 调查结构导向剂上甲基取代基的数目对卤簇杂化物的影响[139]。研究结果表明，随着结构导向剂上甲基取代基的数目增加，导致产生更多的无机-有机相互作用，进而易于形成复杂的阴离子链（表 4-1、表 4-2）。

表 4-2　结构导向剂上配体间隔和取代基对阴离子骨架的影响[139, 185, 221-224]

季铵盐体系		喹啉鎓盐体系				甲基咪唑鎓盐体系	
SDA-1	α-$[Ag_4I_6]_n^{2n-}$ (1A-5)	SDA-4	α-$[Ag_2I_3]_n^{n-}$ (1A-5)	SDA-4	$[CuI_3]^{2-}$ (0D)	SDA-7	γ-$[Cu_4I_8]^{4-}$ (0A-16)
SDA-2	δ-$[Ag_5I_7]_n^{2n-}$ (1A-37)	SDA-5	$[Ag_2I_6]^{4-}$ (0A-4)	SDA-4	$[Cu_2I_6]^{4-}$ (0A-4)	SDA-7	α-$[Ag_2I_4]_n^{2n-}$ (1A-1)
SDA-3	δ-$[Ag_4I_6]_n^{2n-}$ (1A-32)	SDA-6	δ-$[Ag_4I_6]_n^{2n-}$ (1A-32)	SDA-5	β-$[Cu_5I_7]_n^{2n-}$ (1A-35)	SDA-8	α-$[M_4I_6]_n^{2n-}$ (1A-5)

4.1.2 对称性效应

2014 年，作者课题组系统地调查了氰基吡啶盐（SDA-9～SDA-17）上 *N*-取代基尺寸和氰基位置（表 4-1）对 AgI_4 四面体连接模式和相应无机骨架的影响。值得注意的是，4-氰基吡啶盐体系展现出了三个明显的特征（图 4-1）[196,199,213]：一是所有的六个化合物均由相同的立方烷 α-$[Ag_4I_8]^{4-}$阴离子作为次级建筑块（SBUs）构筑而成，并与 4-氰基吡啶高的对称性展现了强的相关性。二是动态的阴离子维数从 2D 层到 3D 骨架的延伸表明结构导向剂上 *N*-取代基影响 α-$[Ag_4I_8]^{4-}$簇状次级建筑块的连接模式。三是合适地调变阴离子层或骨架的键合特性和结构导向剂的相对位置碘银酸盐骨架具有合适的柔韧性。更有趣的是，当吡啶环上的氰基位置从 4 位变到 3 位，构筑的无机组分展现了差的规律性，且它们的维数呈现出降低的趋势[161,196]。换言之，更高对称性的结构导向剂更倾向于形成高维数碘银酸盐骨架，这种现象也能在接下来的超分子结构导向剂的导向效应部分观察到。其次，与碘银酸盐体系相比，三维的 α-$[M_4I_8]^{4-}$簇基骨架仅能在化合物$\{[4\text{-MC}]_2[Cu_4I_6]\}_n$（$MC^+$＝*N*-甲基-4-氰基吡啶盐）中找到，而其他化合物中并未表现出明显的构筑规律，表明碘铜酸盐相比碘银酸盐具有更弱的柔韧性和对结构导向剂差的适应性（表 4-3）[60]。另一个典型的对称性影响例子能在一系列同构的$[M(en)_3][Ag_2I_4]$杂化物中看到（M＝Zn^{2+}、Ni^{2+}、Cd^{2+}、Mn^{2+}或 Mg^{2+}），其中具有 D_3-对称性的离散 $M(en)_3{}^{2+}$阳离子位于四元环的孔道中，并对三维六方晶系的非中心对称$[Ag_2I_4]_n^{2n-}$骨架的形成起着非常重要的导向作用[211]。

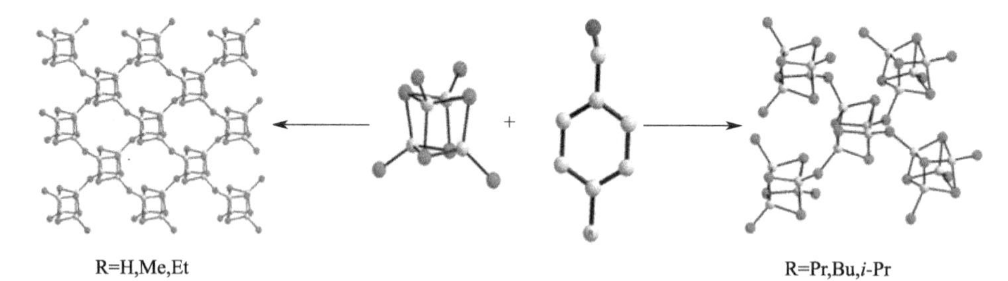

图 4-1　通过改变 4-氰基吡啶盐的 *N*-取代基尺寸，碘银酸盐维数规律性地延伸[213]

表 4-3　氰基吡啶盐上 *N*-取代基尺寸和氰基位置对碘银/铜酸盐杂化物形成的影响[60,161,196,213]

SDA	阴离子	SDA	阴离子	SDA	阴离子
4-氰基吡啶盐体系					
SDA-9 SDA-10 SDA-11	α-$[Ag_2I_3]_n^{n-}$ （2A-1）	SDA-12 SDA-13 SDA-14	$[Ag_4I_6]_n^{2n-}$ （3A-7）	SDA-10 SDA-12	3D $[Cu_4I_6]_n^{2n-}$（3A-7） α-$[CuI_2]_n^{n-}$（1A-1）

续表

SDA	阴离子	SDA	阴离子	SDA	阴离子
3-氰基吡啶盐体系					
SDA-15	α-$[Ag_4I_5]_n^{n-}$ (2A-6)	SDA-16	α-$[Ag_2I_3]_n^{n-}$ (1A-5)	SDA-17	$[Ag_5I_6]_n^{n-}$ (1A-33)

4.1.3 刚柔性竞争效应

2013 年，李浩宏等人发表了一篇关于结构导向剂（SDA-18～SDA-21）上刚柔性竞争效应对无机骨架影响的研究。引人注目的是，作者通过单晶结构分析和 DFT 计算发现：当间隔较短的时候，相互作用能随着间隔加长而增加，烷基的柔性主导结构的稳定性，但当间隔长到一定程度时，相互作用能降低，吡啶环的刚性起重要作用。当间隔 $n=4$ 时，刚柔性竞争将达到平衡，最复杂的结构和稳定的构象展现出来（表 4-4）[192]。该结果表明，选择合适的结构导向剂的功能基团和间隔长度将能产生最优的碘银酸盐杂化物，可能提供一个有效的方法去控制杂化物的结构和性能。

表 4-4　结构导向剂上刚柔性竞争对碘银酸盐杂化物形成的影响[192]

SDA	SDA-18	SDA-19	SDA-20	SDA-21
阴离子	α-$[Ag_2I_4]_n^{2n-}$ (1A-1)	α-$[Ag_5I_7]_n^{2n-}$ (3A-9)	γ-$[Ag_5I_7]_n^{2n-}$ (1A-36)	δ-$[Ag_5I_7]_n^{2n-}$ (1A-37)

4.2 超分子结构导向剂对无机组分的影响

2014 年，作者课题组使用质子化甲基哌嗪作为反电荷离子，在不同的溶剂中合成了七个不同结构的碘银酸盐杂化物，单晶结构分析表明溶剂分子与有机阳离子对碘银酸盐的结构与键合特性有显著的协同导向效应（SDA-22、SDA29～SDA-34）[125]。如表 4-5 所示，随着超分子结构导向剂的尺寸增加，电荷密度降低，无机组分更加趋向于复杂化。除此之外，取代基的位置也对氢键聚集体和碘银酸盐杂化物的结构有重要的影响。该结果不仅极大地丰富了结构导向剂的类型，而且为卤金属酸盐骨架的构建提供了一个有效的途径。最近，作者课题组将具有更高对称性、合适刚性和两个潜在 N-质子化位点的三乙烯二胺分子（DABCO）引入碘银酸盐体系，合成了三个具有罕见的沸石型/手性特性的碘银酸盐杂化物。值得注意的是，通过简单地调变体系 pH 值，DABCO 分子的氢键聚集状态和电荷密度发生动态的变化（SDA-26～SDA-28），随之规律性地调变无机组分｛从三维结构的［$3^2 11^4$］笼到较小的［$3^2 7^6$］笼和三重螺旋链｝。更重要的是，这些氢键聚集体/链与无机笼与链间展现了明显的内在对称性/手性相关性（C_2 对称性的$[(Hdabco)_2(H_2dabco)]^{4+}$ vs C_2 对称性的$[3^2 11^4]$笼、C_3 对称性的$[(Hdabco)(H_2dabco)]^{3+}$和 C_3 对称性的$[3^2 7^6]$笼、三重螺旋链$[H_2dabco \cdot H_2O]_\infty^{2+}$和三重螺旋$[AgI_3]_\infty^{2-}$），表明这类超分子结构导向剂具有独特的动态导向效应以及碘银酸盐骨架具有灵活的结构适应性[160]。如图 4-2 所示，如果使用更高电荷密度的$[(Me_2NH_2)(H_2DABCO)]^{3+}$共模板，三重螺旋链进一步转变为孤立的$[AgI_4]^{3-}$四面体[225]。另外，作者对已报道的质子化三乙烯二胺和哌嗪衍生物阳离子导向的碘银酸盐杂化物进行了对比，发现较高对称性和较低电荷密度的结构导向剂更倾向于形成高维数的碘银酸盐骨架（表 4-5）[125,159,160,191,218,225-227]。

表 4-5　总结报道的质子化三乙烯二胺和哌嗪衍生物阳离子导向的碘银酸盐杂化物中 SDA 的尺寸、平均电荷密度和对称性[125, 159, 160, 191, 218, 225-227]

结构导向剂(SDA)	尺寸/Å	ACD	阴离子	SDA/阴离子对称性关系
SDA-24	7.868	0.0025	$[Ag_{14}I_{16}]_n^{2n-}$ (3D)	C_3 vs $C_3[Ag_{14}I_{19}]^{5-}$ SBU
SDA-25	18.481	0.0080	$[Ag_{12}I_{16}]_n^{4n-}$ (3A-15)	C_3 vs $C_3[Ag_{12}I_{19}]^{7-}$ SBU
SDA-26	12.998	0.0077	$[Ag_3I_7]_n^{4n-}$ (3A-6)	C_2 vs $C_2[3^2 11^4]$笼
SDA-27	7.721	0.0078	$[Ag_3I_6]_n^{3n-}$ (3A-5)	C_3 vs $C_3[3^2 7^6]$笼
SDA-28	∞	0.0105	$[AgI_3]_n^{2n-}$ (1A-3)	三重超分子链 *vs* 三重螺旋链
$[(Me_2NH_2)(H_2DABCO)]^{3+}$	2.667+2.314	0.0107	$[AgI_4]^{3-}$ (0D)	—
SDA-29	∞	0.0059	$[AgI_2]_n^{n-}$ (3A-1)	—
SDA-30	10.83	0.0043	$[Ag_4I_6]_n^{2n-}$ (3A-7)	—
SDA-31	4.84	0.0098	$[Ag_2I_6]^{4-}$ (0A-4)	—
SDA-32	4.29	0.0121	$[Ag_4I_{12}]^{8-}$ (0A-19)	—
SDA-22	∞	0.0056	β-$[Ag_2I_3]_n^{n-}$ (2A-2)	—
SDA-33	9.93	0.0027	$[Ag_{10}I_{12}]_n^{2n-}$ (1A-33)	—
SDA-34	5.34	0.0099	$[Ag_2I_6]^{4-}$ (0A-4)	—
SDA-35	∞	0.0031	α-$[Ag_4I_6]_n^{2n-}$ (1A-5)	—
SDA-36	9.54	0.0035	$[Ag_4I_{12}]^{8-}$ (0A-19)	—
SDA-23	2.9	0.014	α-$[AgI_2]_n^{n-}$ (1A-1)	—

注：平均电荷密度(ACD)＝ SDA 的电荷/SDA 的体积。

2015 年，作者课题组使用 D_3-对称性的［M（phen)$_3$］$^{2+}$配阳离子作为结

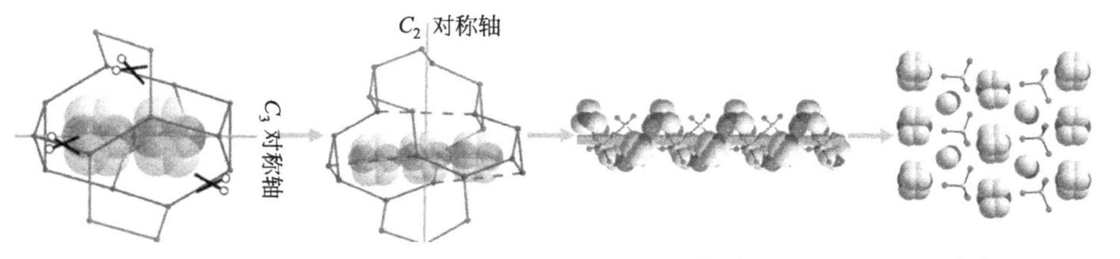

图 4-2　基于超分子 SDA 的导向效应，无机骨架从 $[3^2 11^4]$ 笼到较小的 $[3^2 7^6]$ 笼、三重螺旋链和离散的 AgI_4^{3-} 阴离子动态变化[160,225]

构导向剂（M＝Co^{2+}、Cu^{2+} 或 Cd^{2+}，phen＝1，10-邻菲罗啉），合成了五个结构新颖的碘银酸盐杂化物。结构分析表明，超分子导向剂和阴离子结构间存在有趣的分级对称性转移以及大尺寸的溶剂分子具有微妙的切断作用[180]。如图 4-3 所示，详细的情况如下：在 2D $\{[M(phen)_3]_2[Ag_{11}I_{15}]\}_n \cdot H_2O$ 和 3D $\{[M(phen)_3]_2[Ag_{13}I_{17}]\}_n$ 杂化物中的无机次级建筑单元都具有 C_3 对称性特性，其对应着 D_3 对称性的 $[M(phen)_3]^{2+}$ 配阳离子的一个子群，表明局部对称相关性。同时，从超分子层面来看，3 连接的对映异构二维超分子层和对应纯三维超分子骨架（SDA-37/SDA-38）的出现表明对称性转移从局部的 $[M(phen)_3]^{2+}$ 配阳离子单体到整体超分子网络，而 3 连接的二维 $[Ag_{11}I_{15}]_n^{4n-}$ 阴离子层（2A-31/2A-32）和三维 $[Ag_{13}I_{17}]_n^{4n-}$ 阴离子骨架（3A-16）与阳离子型超分子网络相互补，说明发生整体对称性转移。特别是，化合物 $\{[M(phen)_3]_2[Ag_{13}I_{17}]\}_n$ 具有（10，3）拓扑结构，表明有趣的手性转移从离散的 $[M(phen)_3]^{2+}$ 配阳离子到整体的阳离子型超分子网络和随之的无机骨架。化合物 $\{[Co(phen)_3][\gamma\text{-}Ag_3I_5]\}_n \cdot 2CH_3CN$ 作为一个特例，并未在结构导向剂与一维阴离子链之间观察到对称性关联，可能是由于乙腈溶剂分子存在较大的位阻效应，中断了阳离子超分子网络对无机组分的对称性转移效应。加之，在二维 $[Ag_{11}I_{15}]_n^{4n-}$ 阴离子层和三维 $[Ag_{13}I_{17}]_n^{4n-}$ 阴离子骨架中分别出现了连接无序和类似的 $[Ag_6I_{13}]^{7-}$/$[Ag_6I_{13}@Ag]^{6-}$ 构筑单元，表明碘银酸盐体系具有优异的结构构建灵活性和对超分子结构导向剂的结构参数具有强的敏感性。除此之外，作者对已报道的化合物进行统计分析，发现化合物 $\{K_x[TM(2,2\text{-}bipy)_3]_2Ag_6I_{11}\}_n$（TM＝Mn、Fe、Co、Ni，Zn；$x$＝0.89～1）[197]、$\{[Ni(2,2\text{-}bipy)_3]\text{-}[H\text{-}2,2\text{-}bipy]Ag_3I_6\}_n$[197]、$\{[Mn(phen)_3][Ag_5I_7]\}_n$[131] 和 {K

$[Mn(2,2\text{-}bipy)_3]_2Cu_6I_{11}\}_n$[186]中也存在这种有趣的分级对称性转移现象（其中：2,2-bipy＝2,2-联吡啶；phen＝1,10-邻菲罗啉）。

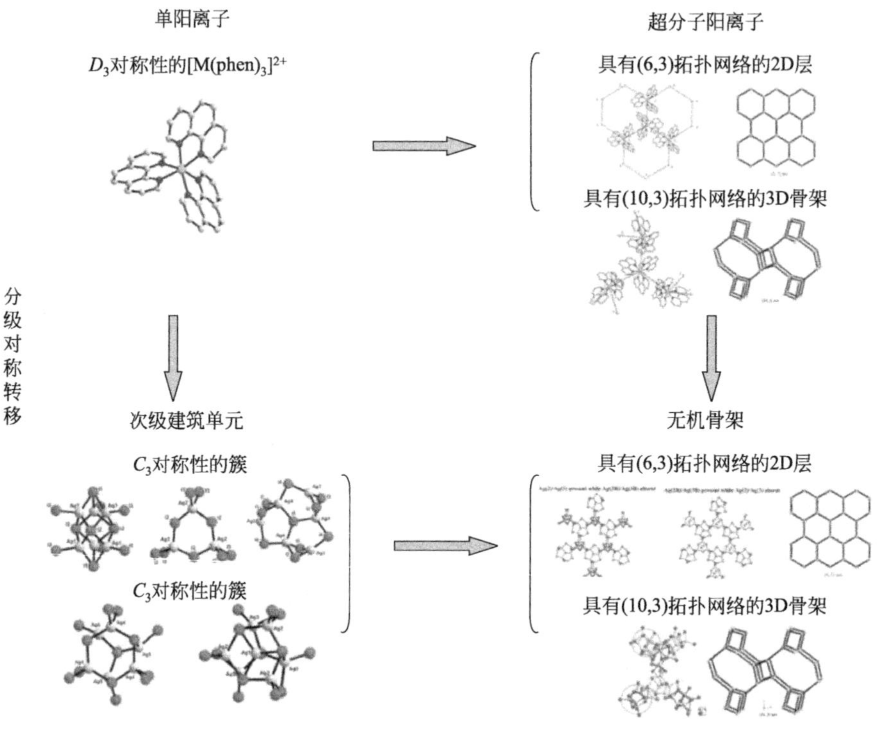

图 4-3　D_3 对称性的 $[M(phen)_3]^{2+}$ 阳离子的分级导向效应[180]

最近，作者课题组使用一系列具有不同电荷、尺寸的潜在手性构象的类双翼螺旋桨形 *N*-苄基吡啶鎓盐作为有机结构导向剂，探究其在单分子和超分子两个层次对非心结构碘银/铜酸盐无机骨架的分级导向效应。值得注意的是，当 *N*-苄基-4-吡啶鎓盐阳离子作为 SDA，导向合成了一个新型的手性碘铜酸盐骨架和非心碘银酸盐骨架，并展现了独特的非对称信息放大和转移现象，从 V 型 *N*-苄基吡啶鎓盐阳离子到有机超分子网络（SDA-39 和 SDA-40）和无机骨架（3A-13 和 3A-11），表明出现有趣的分级导向效应［图 4-4（a）］[214]。另外，使用 *N*-苄基-2-甲基吡啶鎓盐（SDA-41）、*N*-苄基-3-甲基吡啶鎓盐（SDA-42）和 *N*-苄基-4-甲基吡啶鎓盐（SDA-43）阳离子作为 SDA，分别导向合成了手性的 β-$[Cu_5I_7]_n^{2n-}$ 阴离子链（1A-35）、外消旋的 β-$[Cu_5I_7]_n^{2n-}$ 阴离子链（1A-35）和中心对称的 $[Cu_4I_5]_n^{n-}$ 阴离子层（2A-11），表明取代基的位置影响手性信息的转移和随之无机组分的结构调变［图 4-4（b）］[189]。

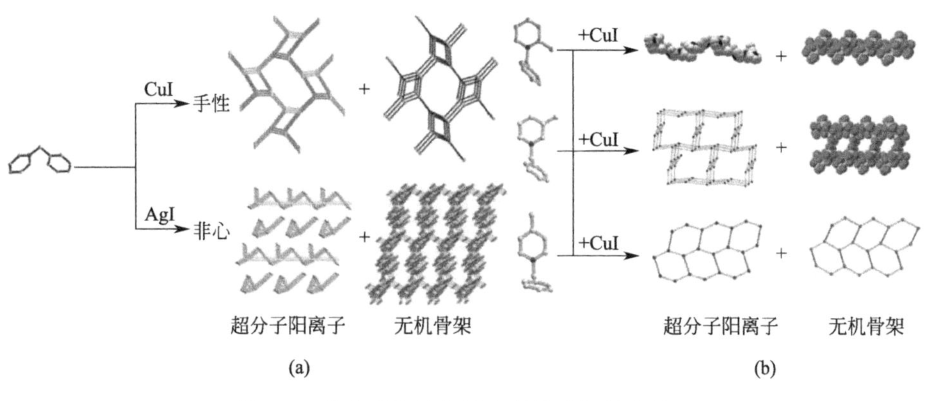

图 4-4　构象手性结构导向剂的分级导向效应

(a) N-苄基-4-吡啶鎓盐阳离子[214]；

(b) N-苄基-2-甲基吡啶鎓盐、N-苄基-3-甲基吡啶鎓盐和 N-苄基-4-甲基吡啶鎓盐[189]

作者课题组也使用质子化或烷基化苄基化吡啶阳离子作为结构导向剂，利用溶剂热/室温溶剂蒸发法成功合成了六个碘银/铜酸盐杂化物：[(4-Bz-pyH)$_2$($Ag_5Cl_3I_4$)]、[(2-Bz-pyH)(Ag_5I_6)]·MeCN、[(Me-4-Bz-py)(Ag_4I_5)]、[(4-Bz-pyH)$_2$(Cu_6I_8)]、[(2-Bz-pyH)$_2$(Cu_6I_8)]·H_2O 和[(Me-4-Bz-py)$_2$(Cu_5I_7)](4-Bz-pyH$^+$ ＝质子化 4-苄基吡啶鎓盐；2-Bz-pyH$^+$ ＝质子化 2-苄基吡啶鎓盐；Me-4-Bz-py$^+$ ＝甲基化 4-苄基吡啶鎓盐)。如表 4-6 所示，随着苄基吡啶阳离子的 N-取代基从 H 到 CH_3 变化，实现了从非中心对称（化合物[(4-Bz-pyH)$_2$($Ag_5Cl_3I_4$)]、[(2-Bz-pyH)(Ag_5I_6)]·MeCN、[(4-Bz-pyH)$_2$(Cu_6I_8)]和[(2-Bz-pyH)$_2$(Cu_6I_8)]·H_2O)到中心对称{化合物[(Me-4-Bz-py)(Ag_4I_5)]和[(Me-4-Bz-py)$_2$(Cu_5I_7)]}的转变，并展现了优良的分级导向行为。如表 4-6 所示，在分子层面上，4-苄基吡啶从质子化到甲基化的转变，有机分子的构象从手性变为非手性。随之，有机分子的信息通过多重弱相互作用形成多样的阳离子聚集体，实现了从分子水平到超分子水平的放大和转移，并提供特定的静电和空间结晶环境对无机骨架的构建施加集体导向效应。同时，将上述提及的质子化苄基阳离子化合物与报道的非中心[N-Bz-Py]$_4$[Ag_9I_{13}]和[N-Bz-Py]$_2$[Cu_6I_8][214]进行对比发现：具有类似空间形状和尺寸的 4/2-Bz-pyH$^+$ 和 N-Bz-Py$^+$ 阳离子，随着正电荷位置的变化，得到不同结构的碘银酸盐骨架和同构的碘铜酸盐骨架，表明碘银酸盐相比碘铜酸盐对于结构导向剂的信息具有更强的调变和适应能力。很明显，调变构象手性阳离子的取代基尺寸和局部电荷密度对于骨架结构变化和非心材料的构建是一个有效的手段，并且初步研究表明较大取代基的引入易于形成中心对称的化合物，如：[BQL][Ag_4I_5]，[BQL]$_2$[Cu_5I_7]，[*N*-Bz-3-MePy]$_2$[Cu_5I_7]和[*N*-Bz-4-MePy][Cu_4I_5][189,199]。

表 4-6 化合物在分子层面和超分子层面的结构对比

化合物	结构导向剂	分子构象	超分子聚集	无机组分	无机骨架
[(4-Bz-pyH)$_2$($Ag_5Cl_3I_4$)]	4-Bz-pyH$^+$	手性(M)	2D 手性层	—	[$Ag_5Cl_3I_4$]$_n^{2n-}$ 层(2D)
[(2-Bz-pyH)(Ag_5I_6)]·MeCN	2-Bz-pyH$^+$	手性	2D 手性层	[Ag_5I_6]$^-$	[Ag_5I_6]$_n^{n-}$ 链(1A-33)
[(Me-4-Bz-py)(Ag_4I_5)]	Me-4-Bz-py$^+$	非手性	1D 超分子链	—	[Ag_4I_5]$_n^{n-}$ 层(2A-8)
[(4-Bz-pyH)$_2$(Cu_6I_8)]	4-Bz-pyH$^+$	手性	3D 手性(10,3)	[Cu_3I_7]$^{4-}$	手性(10,3)网络
[(2-Bz-pyH)$_2$(Cu_6I_8)]·H_2O	2-Bz-pyH$^+$	手性	3D 手性(10,3)	[Cu_3I_7]$^{4-}$	手性(10,3)网络
[(Me-4-Bz-py)$_2$(Cu_5I_7)]	Me-4-Bz-py$^+$	非手性	1D 超分子链	[Cu_5I_{10}]$^{5-}$	[Cu_5I_7]$_n^{2n-}$ 链(1A-34)

另外，作者使用双苄基化的三乙烯二胺阳离子作为结构导向剂，获得了一例碘银酸盐孔状材料：[(Bz_2-Dabco)$_{0.5}$(Ag_2I_3)]·1.5H_2O(Bz_2-Dabco^{2+}＝双苄基化的三乙烯二胺阳离子)。其结晶在六方晶系 $P6_122$ 空间群，展现了有趣的 3D 孔状结构。如图 4-5(a) 所示，Ag(1)I_4、Ag(1A)I_4 和无序的 Ag(2/2′)I_4 四面体自聚形成[Ag_3I_9]$^{6-}$单元，该单元进一步通过共边模式形成 3D 骨架。尽管多样的卤金属酸盐无机孔材料被合成，但是值得注意的是，该化合物是目前报道的卤金属酸盐无机孔材料中孔径［内径为 1.62nm，测量 I1—I1A 的距离为 16.209 (0) Å］最大的。双苄基化的三乙烯二胺阳离子位于孔道中通过疏水作用聚集在一起，无序的水分子处在孔道的正中间（由热重和 PLATON 计算证实，并由于严重的无序在结构处理中用 PLATON 将其挤压掉）。PLATON 计算结果表明每个单胞中总的潜在溶剂体积为 798.4$Å^3$，占单胞体积的 14.9%（每个单胞体积为 5375.5$Å^3$），推测大约存在 20 个无序的水分子（或非对称单元中包含 1.7 个水分子）。这些聚集体除了空间填充和电荷平衡作用外，还起到了明显的协同导向效应，该模板导向思想广泛地应用于氧化物孔状骨架的合成过程中，但是很少在卤化物体系受到关注。如果把 Ag_3I_9 单元作为一个节点，该化合物的整体阴离子骨架可以简化成一个 ujn 拓扑网络[图 4-5(b)]。

总之，合理调变结构导向剂的电荷密度、取代基、间隔、对称性和弱相互作用是导向构建新颖卤金属酸盐骨架和阐述结构导向机制的一个有效

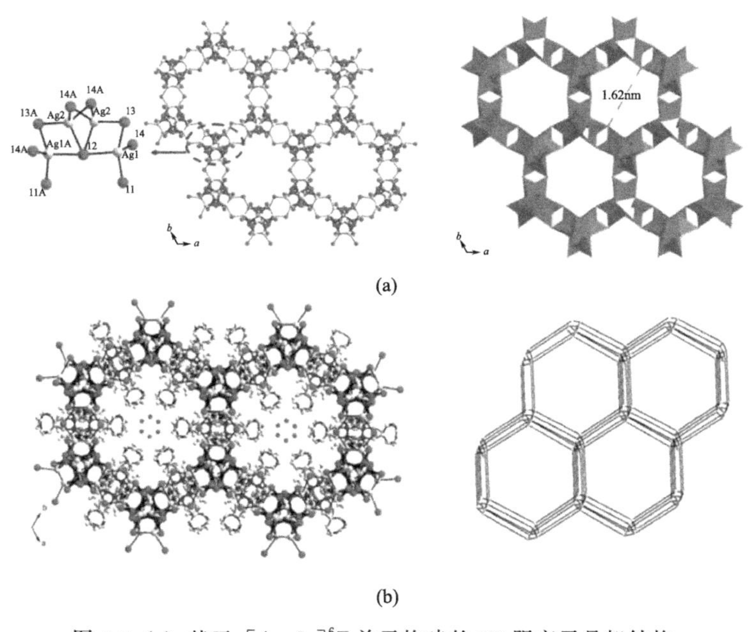

图 4-5 (a) 基于 [Ag_3I_9]$^{6-}$ 单元构建的 3D 阴离子骨架结构，具有 1.62nm 的内径；(b) 沿 *b* 轴的堆积结构和 unj 拓扑网络

的策略。值得注意的是，在碘银酸盐和碘铜酸盐体系中展现了一个明显的趋势：当使用较高对称性和适当低电荷密度的离散或超分子结构导向剂时，更易于形成高维数阴离子骨架，而超低电荷密度倾向于形成小的阴离子片段（如 MI_2^- 或 MI_3^-）。特别是，相比传统的离散结构导向剂，这些基于弱相互作用组装的新型的超分子结构导向剂不仅对它们的电荷密度、尺寸和对称性展现出灵活的调变能力，而且对碘银/铜酸盐阴离子的结构和键合特性具有显著的协同导向效应，特别是有趣的分级导向效应。这些结果表明，通过灵活调变超分子结构导向剂的对称性和电荷密度为未来合理构筑新的无机-有机杂化材料提供了一个有效的和有前景的途径。

第 5 章　碘银/铜（Ⅰ）酸盐杂化物的新性能

在近几年，研究者们在碘银/铜（Ⅰ）酸盐体系发现了一些有趣的新性能，如：热/光致变色、可见光催化降解或吸附有机染料和发光材料等性质。本章对这些新性能进行简要介绍，并总结已报道化合物的结构与功能之间的关系，为后续功能材料的应用奠定一定的基础。

5.1 热/光致变色性能

5.1.1 热致变色

19 世纪 70 年代 Houston 等人首次发表了关于热致变色无机 AgI/CuI 的研究工作[228]，另外一个开创性的研究工作是 20 世纪 70 年代 Hardt 等人报道了第一例荧光热致变色［$Cu_4I_4py_4$］化合物（py＝吡啶）[18]。然而，近几年研究者们才发现有机模板导向的碘银/铜（Ⅰ）酸盐杂化物也具有热致变色性能。2014 年，作者课题组首次报道了两个可逆的热致变色碘银酸盐杂化物：{［HCP］［α-Ag_2I_3］}$_n$ 和{［MCP］［α-Ag_4I_5］}$_n$[196]（表 5-1），两者的颜色改变分别为：从红色（室温，293K）到黄色（液氮，77K）或从黄色（室温，293K）到白色（液氮，77K）。进一步，两个化合物在 100K 和 293K 下的单晶和粉末 XRD 数据被收集和对比分析，表明没有明显的结构改变和电荷转移（CT）复合物的复合与解离。另外，在室温和 77K 下化合物的紫外-可见吸收光谱显示吸收带并未出现明显的位移，且 β-AgI 在 380～700nm 波长范围内的吸收强度均匀地降低，而这两个化合物在同样的波长范围下展现出显著不同的降低方式，表明相互分子间的电荷转移对热致变色具有至关重要的作用，变色源于温度依赖的分子间的电荷转移概率变化。这不同于大量报道的相变和晶格收缩产生的热致变色铅碘酸盐和铋碘酸盐杂化物[229,230]。

表 5-1 芳香 SDA 导向下卤银（Ⅰ）酸盐杂化物的热致变色行为 [158, 161, 181, 196, 213]

4-氰基吡啶盐体系				
SDA	4-HCP^+ (SDA-9)	4-MC^+ (SDA-10)		4-EC^+ (SDA-11)
阴离子	α-$[Ag_2I_3]_n^{n-}$ (2A-1)	α-$[Ag_2I_3]_n^{n-}$ (2A-1)		α-$[Ag_2I_3]_n^{n-}$ (2A-1)
变色行为	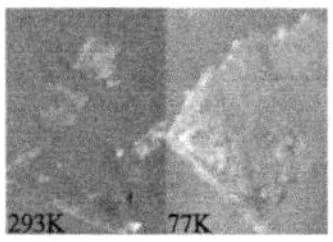 293K 77K	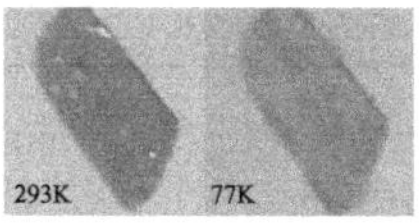 293K 77K		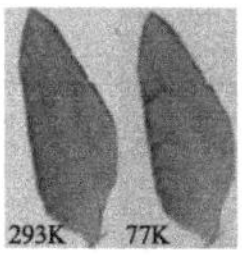 293K 77K
SDA	4-PC^+ (SDA-12)	4-BC^+ (SDA-13)		4-IPC^+ (SDA-14)
阴离子	$[Ag_4I_6]_n^{2n-}$ (3A-7)	$[Ag_4I_6]_n^{2n-}$ (3A-7)		$[Ag_4I_6]_n^{2n-}$ (3A-7)
变色行为	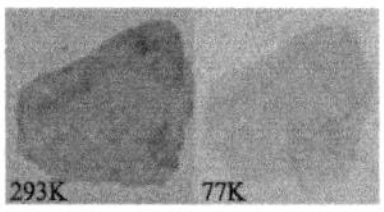 293K 77K	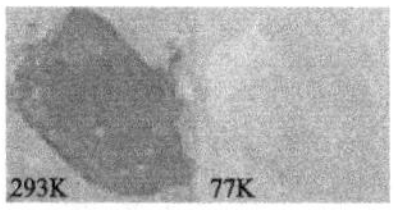 293K 77K		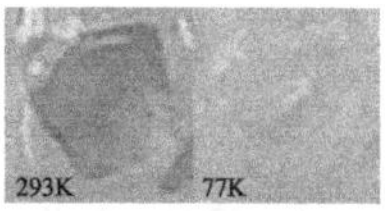 293K 77K
3-氰基吡啶盐体系				
SDA	3-MC^+ (SDA-15)	3-EC^+ (SDA-16)		3-[PC]^+ (SDA-17)
阴离子	α-$[Ag_4I_5]_n^{n-}$ (2A-6)	α-$[M_2I_3]_n^{n-}$ (1A-5)		$[Ag_5I_6]_n^{n-}$ (1A-33)
变色行为	 293K 77K	 293K 77K		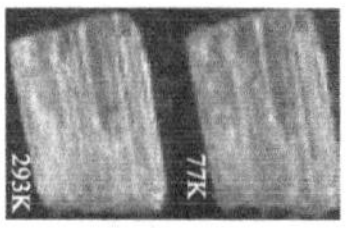 293K 77K
吡啶盐体系				
SDA	Hpy^+ (0D)	$[(Hpy)_2 \cdot dmf]^+$ (0D)	$[(Hpy)_2 \cdot H_2O]^+$ (0D)	$[Hpy]_n^{n-}$ (1D)
阴离子	γ-$[Ag_2I_3]_n^{n-}$ (2A-3)	α-$[Ag_6I_8]_n^{2n-}$ (2A-4)	δ-$[Ag_3I_5]_n^{2n-}$ (1A-24)	$[Ag_5I_6]_n^{n-}$ (3A-8)
变色行为	无	无	无	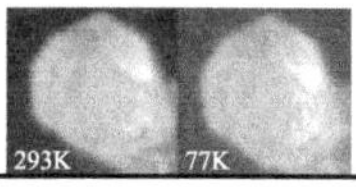 293K 77K

续表

甲基紫精体系			
SDA	MV^{2+}(0D)	MV^{2+}(0D)	MV^{2+}(0D)
阴离子	$[Ag_2I_4]_n^{2n-}$(1A-1)	$[Ag_2Br_4]_n^{2n-}$(1D)	$[Ag_2Cl_4]_n^{2n-}$(1D)
变色行为	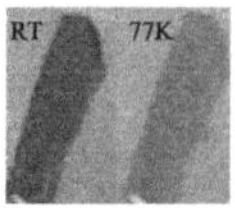	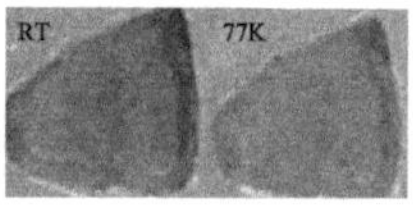	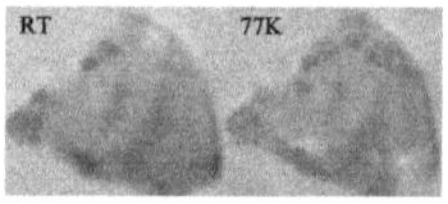

注：晶体在 293K 和 77K 下的电子照片。

随后，基于相同的变色机理，作者课题组使用不同的吡啶盐衍生物或甲基紫精作为结构导向剂和电子受体，制备了一系列的热致变色碘银/铜（Ⅰ）酸盐杂化物[158,161,181,189,196,199,213]。一些关于热致变色的代表性例子和调变策略如下：

① 改变结构导向剂上 *N*-取代基尺寸和吸电子基团的位置不仅能对无机组分的构建施加独特的结构导向效应，而且对电子受体的电子接受能力、给受体间的相对位置和随之产生的电荷转移基热致变色碘银酸盐杂化物具有优异的调变能力。能清晰地观察到具有更高电子亲和能的电子受体倾向于形成有色的电荷转移复合物和导致出现更明显的热致变色行为，如：4-氰基吡啶盐体系相比 3-氰基吡啶盐体系展现了更优异的变色性能[161,196,213]。

② 芳香电子受体间存在 π…π 堆积作用也有助于电荷转移和产生明显的热致变色现象，如：质子化吡啶盐体系[181]。

③ 具有较低电负性的卤素原子更倾向于形成电荷转移复合物且对温度更加敏感，导致碘化物相比溴化物和氯化物具有更明显的热致变色特性，如：甲基紫精体系[158]。

如表 5-2 所示，作者课题组对不同热致变色行为的{[Mepy][M_2I_3]}$_n$、[BPM][M_2I_6]和[BMPB][MI_3][$Mepy^+$ = 甲基吡啶、BPM^+ = 1，2-双（吡啶基）甲烷、$BMPB^+$ = 1，4-双（甲基吡啶基）苯] 的组成、结构和分子堆积进行了详细对比与分析。尽管{[Mepy][Cu_2I_3]}$_n$ 具有较大的阴离子尺寸和更好的电子给予能力，并展现了强的可见区 CT 吸收带，但是并未表现出低温热致变色行为，仅说明电荷转移复合物的形成是发生低温热致变色的前提。与化合物{[Mepy][Cu_2I_3]}$_n$ 相比，[BMPB][CuI_3]尽管展现了更小的阴离子尺寸和蓝移的 CT 吸收带，但表现出明显的热致变色行为，表明无机阴离子的组成不是影响热致变色的主要因素。

同时，相比碘银酸盐杂化物，碘铜酸盐更容易与阳离子间发生分子间电荷转移（明显的可见区吸收），但仅有部分展现出低温变色行为，表明金属的变化不是影响变色的决定性因素。相比其他化合物，化合物[BPM][M_2I_6]展现了更明显的低温热致变色行为，表明阳离子高度集中的电荷密度能显著提高电子接受能力，并且电子给受体短的电荷转移通道距离和垂直的位置关系更有利于发生明显的热致变色。总之，通过芳香取代基的引入和阳离子电荷密度的增加能显著提高阳离子的电子接受能力，并且更短的给受距离和更垂直的位置关系更有利于热致变色现象的发生。

表 5-2　化合物的热致变色参数

化合物	{[Mepy][M_2I_3]}$_n$		[BPM][M_2I_6]		[BMPB][MI_3]	
体系	Ag	Cu	Ag	Cu	Ag	Cu
晶体颜色(RT)	无色	棕黄	亮黄	暗红	无色	黄色
低温颜色(LT)	无色	棕黄	浅黄色	橙色	无色	无色
阳离子	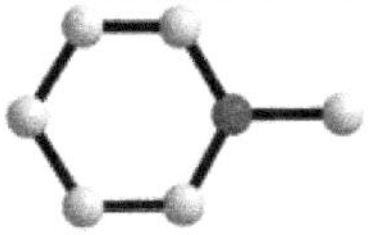		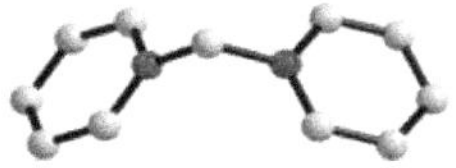		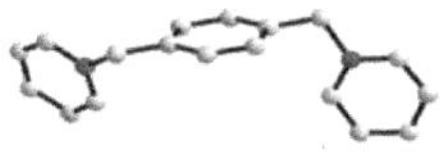	
π…π 作用	无	无	无	无	4.154(0)Å	4.229(1)Å
阴离子	$[M_2I_3]_n^{n-}$ (1A-5)		$[M_2I_6]^{4-}$ (0A-4)		$[MI_3]^{2-}$ (0A)	
N…I 距离	N1…I3 4.078(2) N1…I2 4.090(2)	N1…I1 4.054(9) N1…I2 4.058(9)	I2…N2 3.544(11) I2…N1 3.771(8)	I2…N1 3.501(10) I2…N2 3.767(5)	I2…N2 3.911(12) I1…N1 3.923(9)	I1…N1 3.878(4) I2…N2 3.974(3)
I 与吡啶环上 N 和对位 C 的键角/(°)	I2…N1-C3 102.89(0) I3…N1-C3 102.92(0)	I2…N1-C3 103.58(1) I1…N1-C3 104.31(1)	I2…N2-C8 88.03(38) I2…N1-C3 84.51(37)	I2…N1-C3 89.03(26) I2…N2-C9 86.50(22)	I1…N1-C3 77.62(37) I2…N2-C14 102.45(46)	I1…N1-C3 100.51(16) I2…N2-C16 75.00(13)

2018 年，D. H. Wang 等人利用二聚合含镧系元素的金属紫精阳离子作为结构导向剂和电子受体制备了三个同构的碘银酸盐杂化物：{[Ln_2(dpdo)(DMF)$_{14}$][$Ag_{12}I_{18}$]}$_n$(bpdo＝4,4′-联吡啶-N,N'-二氧化物,Ln＝La、Nd、Sm)，其也展现了有趣的可逆热致变色现象。具体如下：当温度加热到 110℃时，淡黄色的晶体样品开始转变到红色，最终变为深红色并在这个温度维持不变，而在暗处放置 10h 它们恢复到原始的淡黄色[195]。进一步，通过加热前后的紫外-可见漫反射光谱、电子顺磁共振光谱和粉

末 XRD 表征，证明热致变色是由于无机组分上碘离子到 4,4′-联吡啶-N，N'-二氧化物的电子转移形成稳定的自由基。

5.1.2 光致变色

近些年，基于给受体单元的光致变色无机-有机杂化材料被广泛研究，它们主要由强的电子受体（强的 π 酸，如：紫精衍生物）和强的路易斯碱作为电子给体（如：氯金属酸盐[70]、氰金属酸盐[231]、沸石[232]、金属磷酸盐[114]、氯离子/羧酸基复合物[233,234]）。但是，弱的路易斯碱碘基电子给受体系由于所谓的重原子效应或能级不匹配很少出现相互分子间的电子转移和随之产生的光致变色[235]。值得注意的是，引入具有适当缺电子特性的单环芳香阳离子到富电子的碘银/铜（Ⅰ）酸盐体系构筑了一系列具有明显色度差、快响应速率和宽响应范围的光致变色杂化物。一个引人注目的例子是，2016 年作者课题组选用原位甲基化烟酸肼阳离子作为结构导向剂和电子受体，成功地获得了第一例碘铜（Ⅰ）酸盐杂化物：$\{[MNH][\varepsilon\text{-}Cu_2I_3]_2\}_n$（$MNH^{2+}$＝甲基化烟酸肼阳离子），其展现了有趣的电荷转移热致变色和电子转移光致变色性质[236]。特别地，在紫外光照射下，样品的颜色在 7s 内从棕黄色变为黑色，并在 50s 达到饱和状态［图 5-1（a）］。而这个化合物在黑暗处放置 3d 或者 110 ℃加热 8min 又能完全褪色，且能可逆循环至少 10 次。进一步，光照前后的单晶 XRD 和粉末 XRD 数据对比排除了光照后结构改变的可能性。此外，化合物在 500～780nm 范围内出现新的吸收带和电子顺磁共振信号（EPR）表明从碘铜（Ⅰ）酸盐阴离子到 MNH^{2+} 阳离子发生电子转移［图 5-1(b)、(c)］，导致形成有机自由基和二价的 Cu^{2+}。

2016 年，作者课题组使用甲基化异烟酸甲酯阳离子（$MCMP^+$）作为反电荷离子和电子受体，合成了两个罕见的电子转移光致变色碘银酸盐杂化物：1D $\{[MCMP][\alpha\text{-}AgI_2]\}_n$ 和 3D$\{[MCMP][Ag_3I_4]\}_n$，其具有快的响应速率、宽的响应范围和长寿命电荷分离态[157]（表 5-3）。值得注意的是，两个化合物均对紫外光（300 W 汞灯）和可见光（波长＞420 nm，500 W 氙灯）有响应。在紫外光（约 2min）或可见光（约 4min）照射下，化合物$\{[MCMP][\alpha\text{-}AgI_2]\}_n$ 展现了肉眼可视的颜色变化（深黄色变到橙色），而化合物$\{[MCMP][Ag_3I_4]\}_n$ 在紫外光（10s 内）或可见光（1min 内）照射下，颜色从淡黄色变成黑棕色。进一步，对两个化合物的结构和分子堆积进行了对比与分析，表明化合物$\{[MCMP]$

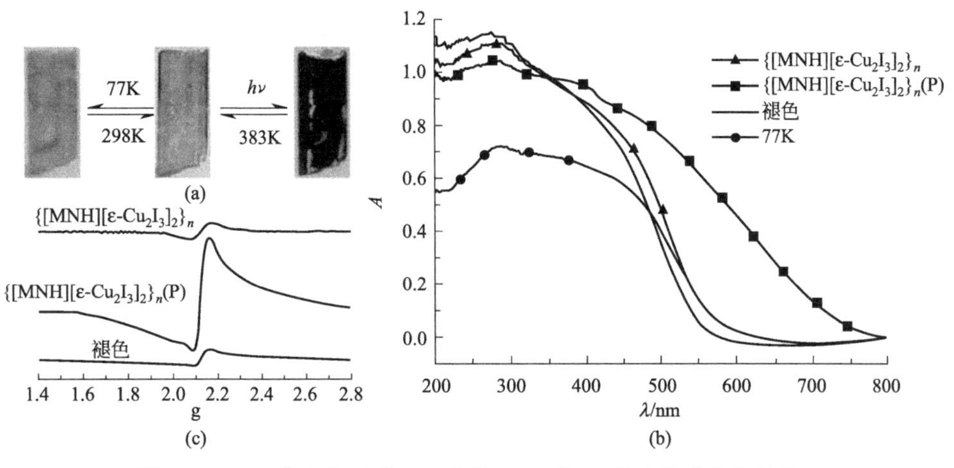

图 5-1　(a) 化合物 { [MNH] [ε-Cu_2I_3]$_2$ }$_n$ 的光热致变色行为；(b) 紫外-可见漫反射光谱；(c) EPR 光谱[236]

[Ag_3I_4]}$_n$ 较快的响应速率和长寿命电荷分离态归因于 3D 无机骨架和阳离子间存在 π…π 相互作用的贡献。2018 年，同样使用 $MCMP^+$ 阳离子作为电子受体，合成了两个非光致变色的{[MCMP][Ag_2Br_3]}$_n$ 和{[MCMP][Cu_2I_3]}$_n$ 杂化物[237]。另外，对四个 $MCMP^+$ 基杂化物进行对比，最大的差异是阴离子组分的类型，因此非光致变色行为可能是源于给受体间的能级不匹配，类似于郭国聪课题组在光致变色紫精/卤金属酸盐杂化物的实验与理论结果[235]，相似的现象也能在 2019 年报道的苯并咪唑鎓盐体系观察到：[DMBTz] [M_3I_4] (M=Cu、Ag；$DMBTz^+$ =二甲基苯并咪唑鎓盐)[238]。显然，合理改变芳香阳离子的聚集状态或卤素与金属的类型能有效调变给受体间相对能级位置、它们的电子接受能力和电子给予能力及自由基的稳定性，这能看作是发展和优化电子转移光致变色碘银/铜（Ⅰ）酸盐杂化物的一个有效途径。

表 5-3　$MCMP^+$ 阳离子导向下卤银/铜酸盐杂化物的光致变色行为[157, 237]

$MCMP^+$ 阳离子的状态	阴离子	N…X 键长，X…N-C 键角	响应时间	颜色改变
氢键三聚体 C-H…O	α-[AgI_2]$_n^{n-}$ (1A-1)	3.514(9)Å 88.37(0)(°)	2 min，UV 4 min，Vis	深黄色-橙色
1D π…π，C-H…π	[Ag_3I_4]$_n^{n-}$ (3A-4)	3.828(12)Å 97.47(28)(°)	10 s，UV 1 min，Vis	淡黄色-黑棕色
3D C-H…π，C-H…O	[Ag_2Br_3]$_n^{n-}$	3.743(11)Å 89.78(35)(°)	—	无

续表

MCMP⁺阳离子的状态	阴离子	N…X 键长，X…N-C 键角	响应时间	颜色改变
1D π…π，C-H…O	ε-$[Cu_2I_3]_n^{n-}$(1A-11)	3.874(15)Å 100.66(37)(°)	—	无

除了上述提及的影响因素，无机组分高的聚集密度（ADIM）、给受体间垂直角度和短的电子转移距离也易于光诱导的电子转移和随之产生的电子转移光致变色。例如：当 ADIM 增加（M/r=1、1.875 和 2.4），碘银酸盐的电子给予能力增加，导致$\{[DMBTz][AgI_2]\}_n$ 的非光致变色和$\{[DMBTz]_2[Ag_5I_7]\}_n$ 和$\{[DMBTz][Ag_4I_5]\}_n$（$DMBTz^+$ =二甲基苯并咪唑鎓盐）[202]的光致变色。另外，作者课题组发现电子转移通道较短的距离和接近垂直的位置关系更有利于出现光诱导的电子转移和光致变色，使得$\{[MNH][Ag_3I_5]\}_n$ 比$\{[MNH][Ag_7I_9]\}_n$ 有更短的响应时间［I…N_{py} 距离和 I…N_{py}…C 键角分别为 3.802Å、91.17°（前者）和 3.893Å、97.57°（后者）］[179]。

2018 年，作者课题组报道了两个具有不同变色机理的光致变色碘银酸盐杂化物：$\{[(HPBI)\cdot(MeCN)][Ag_3I_4]\}_n$ 和$\{[MPBI][Ag_3I_4]\}_n$（$HPBI^+$ =1-质子-2-苯基苯并咪唑鎓盐；$MPBI^+$ =1，3-二甲基-2-苯基苯并咪唑鎓盐），其展现了结构依赖的光致变色行为及快的响应时间和宽的颜色范围(分别从无色变为紫色和墨绿色)[174]。进一步对两个化合物的时间依赖的紫外-可见吸收光谱、粉末 XRD 和 EPR 光谱进行对比和讨论表明，化合物$\{[(HPBI)\cdot(MeCN)][Ag_3I_4]\}_n$ 的变色机理为可逆的光解，而化合物$\{[MPBI][Ag_3I_4]\}_n$ 的变色机理为光解和光诱导的次级电子转移。

5.1.3 光热致双变色

目前，光热致双变色碘银/铜（Ⅰ）酸盐杂化物仅有极少的例子报道。除了上述提及的光热致双变色｛[MNH]［ε-Cu_2I_3]$_2$｝$_n$[236]，另一个代表性的例子就是化合物｛$[Hpyz]_2$ $[Ag_2I_4]$｝$_n\cdot H_2O$（$Hpyz^+$ =单质子化的吡嗪盐）[239]。如图 5-2 所示，该化合物展现了有趣的多重响应和多重态变色行为：①粉末样品在 254nm 波长的汞灯下室温照射 90min，出现了明显的颜色变化（黄色—棕色；标记为 a)；②当粉末样品在 80 ℃加热不到 30s，样品颜色快速从黄色变为深棕色（标记为 b)；③将 b 放置在潮湿的惰性气体中，b 的颜色转变为橙色（标记为 c)；④将 b 放置在干燥的空气中 8d，粉末颜色从深棕色变成淡棕色（标记为 d）；⑤淡棕色粉末 d 在 254nm 波长的汞灯照射后，颜色变为棕色（标记为 e）。粉末 XRD、紫外-可见吸收和 EPR 分析表明多重态变色归因于可逆的水合-失水过程，以及随之出现的相互分子间电子转移和改变相互分子间的电荷转移。类似于上述原理，2019 年在质子化甲酯基吡啶鎓盐-碘银酸盐体系也展现了有趣的光热致双变色现象。

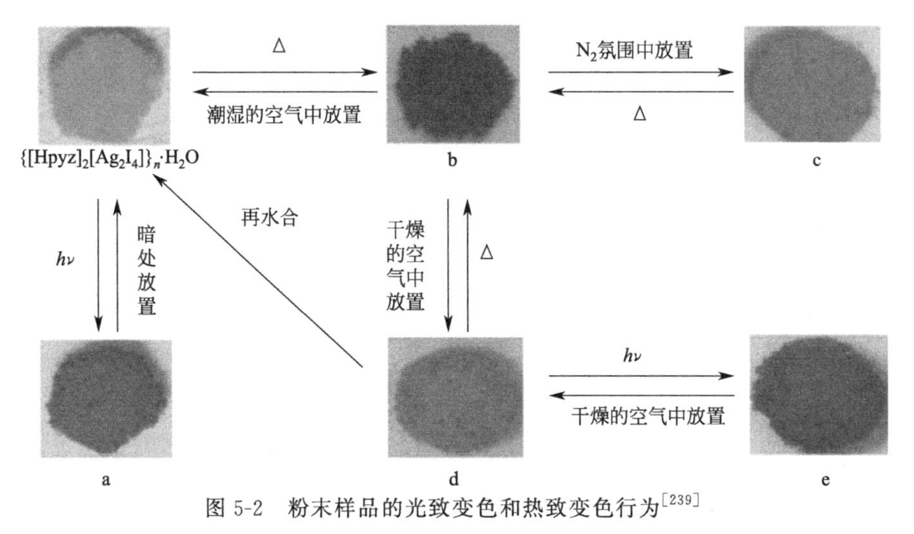

图 5-2　粉末样品的光致变色和热致变色行为[239]

5.2 可见光催化降解或吸附有机染料

利用半导体材料作为光催化剂催化降解有机染料具有方法简便、不产生二次污染物，适用范围广等特点，在能源、绿色化学方面显示出其独特的功效并展现了广阔的发展潜力和应用前景。不幸的是，大多数研究主要集中在 TiO_2 作为光催化剂，其一般具有较大的禁带宽度和仅可以吸收紫外光，这极大地限制了它们在可见光照射下的光催化应用。因此，寻找具有降解效率快和稳定性高特性的可见光催化剂仍是当前的热点。

2015 年，雷晓武小组使用光活性过渡金属配阳离子作为结构导向剂，合成了一系列的碘银/铜(Ⅰ)酸盐杂化物。由于光敏化过渡金属配阳离子的引入使得杂化物具有窄的半导体带隙，进而展现出优异和稳定的可见光催化有机染料的降解能力，超过 N-掺杂 TiO_2。进一步，实验和理论计算结果分析表明过渡金属配阳离子对于光催化的活性和稳定性起着重要的作用，主要归因于以下两个方面：①过渡金属配阳离子对杂化物的导带具有很大的贡献，产生窄的带隙和明显的可见区吸收；②光激发无机骨架产生的电子易于转移到过渡金属配阳离子，而不是位于 Ag^+ 上，能有效地阻止 Ag^+ 还原[186,197]。随后，基于上述策略，多样的过渡金属配阳离子、芳香阳离子和金属溶剂化配阳离子被用于构建丰富多样的碘银/铜(Ⅰ)酸盐可见光催化剂，它们也展现了优异的可见光催化降解有机染料的性能[131,172,183,205,215]。

2018 年，J. J. Liu 等人使用缺电子的紫精衍生物作为功能有机组分构筑了两例碘铜（Ⅰ）酸盐杂化物：$[Zn_2(Bpybc)_3(OH)_2]\cdot[(Cu_{11}I_{13})(CH_3CN)_6]\cdot 6H_2O$（零维的阴离子簇）和$[Tb(Bpybc)_2(H_2O)_6]\cdot Cu_4I_7$［一维的阴离子链，$H_2Bpybc\cdot 2Cl$＝1，1′-双（4-羰基苄基）-4，4′-联吡啶鎓盐二氯化物］，其展现了窄的半导体特性和有趣的光催化性能。结构与性能对比发现，相比零维碘铜(Ⅰ)酸盐簇，一维碘铜(Ⅰ)酸盐链更有利于转移光生空穴，导致后者的光催化活性高于前者。另外，缺电子的 Bpybc 骨架具有强的电子接受和转移能力，能有效地降低电子-空穴对复合和阻止铜离子还原，提高碘铜(Ⅰ)酸盐杂化物的光催化活性和稳定性[240]。

2019 年，J. Pan 等人使用立方烷$[Pb_4(OH)_4]^{4+}$阳离子作为结构导向剂构建了一个新型的 3D 碘铜(Ⅰ)酸盐骨架，其可以看作是由常见的$[Cu_2I_2]_n$链和 μ_2-I 连接体交替连接而成。引人注目的是，不同于常使用的紫外或可见光催化降解染料污染物，光活性单元进入无机骨架赋予该材料优异的自然太阳光光催化降解靛蓝胭脂红染料污染物的特性（太阳光照射 60min，降解率基本达到 100%），这使得碘银/铜(Ⅰ)酸盐杂化物在未来废水处理方面能极大地节约能源，展现了极大的潜力[212]。

在有机染料废水处理方面，另一个有前景的研究动态就是利用碘银酸盐杂化物去吸附有害的染料分子。2018 年，D. Wang 等人使用铝溶剂化阳离子作为结构导向剂，获得了一例二维碘银酸盐杂化物：$\{[Al(DMSO)_6][Ag_9I_{12}]\}_n$（DMSO＝二甲基亚砜），该化合物对阳离子型亚甲基蓝染料具有有效选择性吸附行为（图 5-3）。加之，在存在 Na^+ 的情况下，吸附亚甲基蓝染料的化合物展现了快速的释放能力，表明这类材料能作为可逆和耐久的染料吸附剂[210]。该工作不仅发展了一种对目标有毒污染物捕获的新型有用材料，而且开辟了一个设计新型吸附结晶材料的有前景的策略。基于这个策略，2019 年 Q. Wei 等人选用不同溶剂化金属阳离子作为结构导向剂，制备了三个新的碘银酸盐杂化物：$[Fe(DMSO)_6][Ag_6I_9]\cdot$

DMSO、$[Fe(H_2O)_6][Ag_{15}I_{18}]$和$[Cd(DMSO)_6][Ag_8I_{10}]$，其也展现了良好的亚甲基蓝和甲基紫吸附行为[201]。

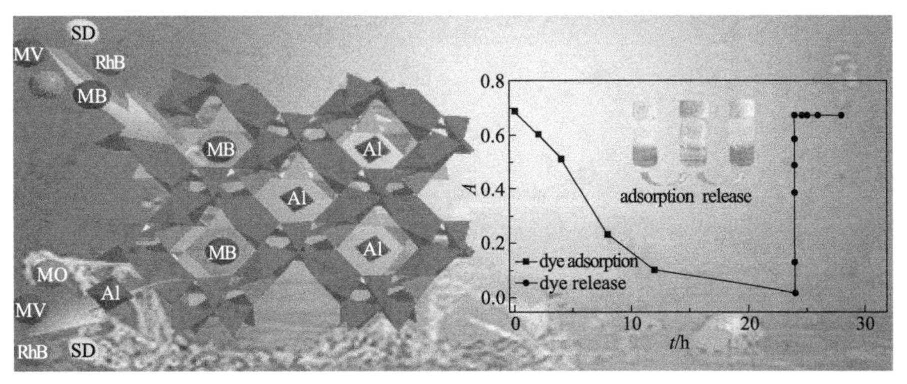

图 5-3 $[Al(DMSO)_6]^{3+}$阳离子导向下碘银(Ⅰ)酸盐杂化物的合成及其染料吸附性能[210]

5.3 光致发光

Cu(Ⅰ)/Ag(Ⅰ)卤化物具有 d^{10} 最外层电子轨道，使其表现出优异发光性质并成为当前的热点。最近，在碘银/铜(Ⅰ)酸盐体系，通过结构调变构筑了一系列不同发光颜色的荧光材料，展现了良好的可设计性。

2018 年，刘广宁等人使用芳香类和脂肪类结构导向剂合成了六个结构不同的碘铜(Ⅰ)酸盐杂化物，其展现了可调的光致发光现象（亮红色、橙色和黄色发射）（图 5-4）。特别是，基于共模板途径导致化合物$(H_3app)_2(Cu_2I_6)\cdot 2I\cdot 2H_2O$（$H_3app^{3+}$ =质子化的 N-氨乙基哌嗪盐）具有多重电荷转移性质，出现了波长依赖的光致发光现象（从蓝绿色到白色发射）和高的量子产率（达到 43%）[126]。这不仅有助于具有碘铜(Ⅰ)酸盐基光致发光材料的合理设计与合成、性能提高，而且为波长依赖的光致发光材料的合成提供了一种新的方式。基于上述策略，2019 年，岳呈阳等人使用不同的有机胺作为结构导向剂，导向合成了四个具有不同结构的一维碘铜(Ⅰ)酸盐阴离子，其出现强可调的荧光发射（从蓝绿色到红色），源于不同的无机网络结构和弱的 Cu…Cu 相互作用[99]。

2018 年，W. T. Zhang 等人通过系统地引入烷基到三苯基磷酸盐导向合成了四个碘铜(Ⅰ)酸盐杂化物，作者对比发现更长的烷基能获得更强可

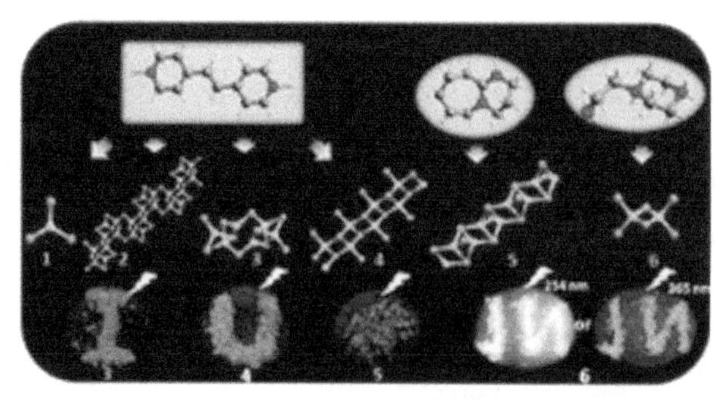

图 5-4 结构导向下碘铜(Ⅰ)酸盐杂化物的合成及其光致发光行为[99,126]

调的光致发光材料及提高的水稳定性。具体如下：随着 P 原子上烷基基团加长，Cu…Cu 和 π…π 堆积相互作用弱化与其水稳定性和荧光热致变色行为相关，具有合适长度烷基的三苯基磷酸盐导向合成的碘铜(Ⅰ)酸盐杂化物可以获得更强的蓝色光致发光和提高的水稳定性[241]。

2018 年，D. Zhang 等人使用镧系溶剂化阳离子作为模板合成了一系列碘银酸盐杂化物，其展现了可调的荧光性质。有趣的是，将稀土离子引入金属卤化物体系赋予这类材料好的荧光性能。更重要的是，掺杂的镧系溶剂化阳离子与碘银酸盐杂化导致出现碘金属酸盐体系里第一例白光发射材料，这为进一步设计与合成白光发射固体材料提供了一个新颖和有前景的途径（图 5-5）[162]。基于这一策略，2018 年 J. Pan 等人将镧系溶剂化阳离子引入碘铜(Ⅰ)酸盐，同样获得了有趣的白光发射材料。

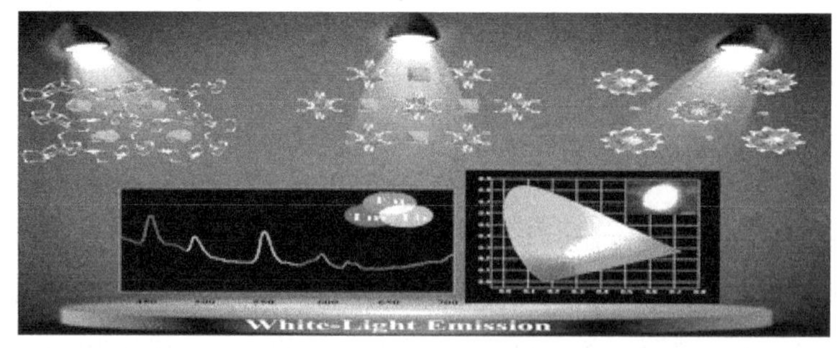

图 5-5 镧系溶剂化阳离子导向下碘银酸盐杂化物的合成及其光致发光行为[162]

2018 年，F. R. Wang 等人使用三价的咪唑盐环作为结构导向剂构筑了两例荧光碘铜(Ⅰ)酸盐杂化物，并用于探测多样的金属离子，如：K^{+}、Cu^{2+}、Ba^{2+}、Al^{3+}、Co^{2+}、Cd^{2+}、Ni^{2+}、Cr^{3+}、Zn^{2+} 和 Fe^{3+}，发现两个化合物对 Fe^{3+} 具有高灵敏、高选择和可重复的荧光传感效应，可能源于两个化合物与 Fe^{3+} 之间具有强的静电相互作用[242]。

第 6 章　总结与展望

本书简要地介绍了最近有机模板及其导向下 d^{10} 碘银/铜(Ⅰ)酸盐杂化物领域的研究进展，包括无机-有机杂化材料、超分子化学和晶体工程；模板/结构导向剂的作用及进展；碘银/铜(Ⅰ)酸盐无机骨架的构筑规律；碘银/铜(Ⅰ)酸盐体系的导向合成规律；碘银/铜(Ⅰ)酸盐杂化物的新性能。从上述的这些范例中，可以看出这些阴离子型碘银/铜(Ⅰ)酸盐的结构与性能很大地取决于结构导向剂的合理选择。通过结构导向剂的导向效应，多样的阴离子型碘银/铜(Ⅰ)酸盐构建出来基于维数延伸概念，并且使用较高对称性和较低密度的结构导向剂更倾向于获得高维数阴离子骨架结构。值得注意的是，相比传统的离散结构导向剂，基于弱相互作用组装的超分子结构导向剂展现了更灵活的空间和电子构象，及随之明显的协同导向效应，特别是出现了有趣的分级导向效应。另外，具有多样缺电子特性的芳香阳离子作为结构导向剂和电子受体引入碘银/铜(Ⅰ)酸盐体系，出现了一些有趣的新性能，如：热/光致变色、可见光催化降解或吸附有机染料和发光材料等性质。尤其是，使用适当缺电子特性的单环芳香阳离子成功地合成了一系列罕见的电子转移/电子转移基光/热致变色碘银/铜(Ⅰ)酸盐杂化物，其具有明显的色差、快速的响应速率和宽的响应范围，特别是基于超分子结构导向剂能有效地调变杂化物的变色性能。总而言之，超分子结构导向剂是可控构建新型碘银/铜(Ⅰ)酸盐阴离子结构、实现材料功能化和调变材料性能的一个有效策略。

卤金属酸盐杂化物，特别是碘金属酸盐，因结构构建灵活性［金属多样的配位模式（2～6）和卤素多样的桥连模式（$\mu_{2\text{-}9}$）］以及可调的电子特性（金属和卤素类型)，为设计新颖结构和功能材料的研究提供了极大的可能性。因此，该方面的研究受到了晶体学家和材料学家的广泛关注，并逐渐成为无机-有机杂化材料领域的热点。在过去几十年，尽管零星地报道了一些关于碘银/铜(Ⅰ)酸盐体系的导向策略，但是主要集中在传统离散的结构导向剂，且结构导向剂与阴离子结构及结构与功能之间的相关性仍相对较弱。另外，尽管超分子结构导向剂展现了独特的协同导向效应和优异的性能调变能力，但是它们仍很少受到关注。显然，进一步探究新型超分子结构导向剂和结合理论计算工作是必要的。因此，选择具有特定空间和电子结构的芳香阳离子，借助阳离子间弱相互作用（氢键、π…π、疏水作用等），有效地调变阳离子的聚集状态、电荷密度和对称性，进而发挥其独特的协同导向效应，更多具有多样新颖的结构（沸石、手性、非心特征）和基于电荷转移/电子转移的新型D-A功能材料可以预期。随后的工作主要集中在借助日趋成熟的有机合成技术和计算机模拟技术，设计具有不同空间对称性和电子接受能力的阳离子，并应用于以下四方面：①制备出多样具有高对称和大孔骨架的材料并研究孔相关的性能，如：客体交换、直接太阳光催化等；②优化变色性能并对杂化物内部电子匹配行为（CT和ET）及相互间的转化关系进行研究；③基于碘银/铜(Ⅰ)酸盐杂化物组装多样的智能装置的制备与现实应用，特别是传感、防伪、保护和数据存储等领域；④用于其他卤金属酸盐杂化物的设计与合成，及扩展到微孔化合物和其他无机-有机杂化材料领域。

参考文献

[1] Schmidt H, Scholze H, Kaiser A. Principles of hydrolysis and condensation reaction of alkoxysilanes [J]. Journal of Non-Crystalline Solids, 1984, 63 (1-2): 1-11.

[2] Zhao Y, Zhu K. Organic-inorganic hybrid lead halide perovskites for optoelectronic and electronic applications [J]. Chemical Society Reviews, 2016, 45 (3): 655-689.

[3] Li C H A, Zhou Z, Vashishtha P, et al. The future is blue (LEDs): why chemistry is the key to perovskite displays [J]. Chemistry of Materials, 2019, 31 (16): 6003-6032.

[4] Dokania A, Ramirez A, Bavykina A, et al. Heterogeneous Catalysis for the Valorization of CO_2: Role of Bifunctional Processes in the Production of Chemicals [J]. ACS Energy Letters, 2019, 4 (1): 167-176.

[5] Pardakhti M, Jafari T, Tobin Z, et al. Trends in Solid Adsorbent Materials Development for CO_2 Capture [J]. Acs Applied Materials & Interfaces, 2019, 11 (38): 34533-34559.

[6] Dini D, Calvete M J F, Hanack M. Nonlinear Optical Materials for the Smart Filtering of Optical Radiation [J]. Chemical Reviews, 2016, 116 (22): 13043-13233.

[7] Li Z, Wang G, Ye Y, et al. Loading Photochromic Molecules into a Luminescent Metal-Organic Framework for Information Anticounterfeiting [J]. Angewandte Chemie International Edition, 2019, 58 (50): 18025-18031.

[8] Feng L, Wang, K Y, Willman J, et al. Hierarchy in Metal-Organic Frameworks [J]. ACS Central Science, 2020, 6 (3): 359-367.

[9] Sun J K, Yang X D, Yang G Y, et al. Bipyridinium derivative-based coordination polymers: From synthesis to materials applications [J]. Coordination

Chemistry Reviews, 2019, 378: 533-560.

[10] Wang H, Wang X, Zhang H, et al. Organic inorganic hybrid perovskites: Game-changing candidates for solar fuel production [J]. Nano Energy, 2020, 71: 104647.

[11] Wang G E, Sun C, Wang M S, et al. Semiconducting crystalline inorganic-organic hybrid metal halide nanochains [J]. Nanoscale, 2020, 12 (8): 4771-4789.

[12] Wang D, Liu L, Jiang J, et al. Polyoxometalate-based composite materials in electrochemistry: state-of-the-art progress and future outlook [J]. Nanoscale, 2020, 12 (10): 5705-5718.

[13] Judeinstein P, Sanchez C. Hybrid organic-inorganic materials: a land of multidisciplinarity [J]. Journal of Materials Chemistry, 1996, 6 (4): 511-525.

[14] Chesnut D J, Hagrman D, Zapf P J, et al. Organic/inorganic composite materials: the roles of organoamine ligands in the design of inorganic solids [J]. Coordination chemistry reviews, 1999, 190: 737-769.

[15] Slabbert C, Rademeyer M. One-dimensional halide-bridged polymers of metal cations with mono-heterocyclic donor ligands or cations: A review correlating chemical composition, connectivity and chain conformation [J]. Coordination Chemistry Reviews, 2015, 288: 18-49.

[16] Yu T L, Guo Y M, Wu G X, et al. Recent progress of d^{10} iodoargentate (Ⅰ) /iodocuprate (Ⅰ) hybrids: Structural diversity, directed synthesis, and photochromic/thermochromic properties [J]. Coordination chemistry reviews, 2019, 397: 91-111.

[17] Arnby H C, Jagner S, Dance I. Questions for crystal engineering of halocuprate complexes: concepts for a difficult system [J]. CrysteEngComm, 2004, 6 (46): 257-275.

[18] Peng R, Li M, Li D. Copper (I) halides: A versatile family in coordination chemistry and crystal engineering [J]. Coordination Chemistry Reviews, 2010, 254 (1): 1-18.

[19] Mu Y, Wang D, Meng X D, et al. Construction of Iodoargentates with Diverse Architectures: Template Syntheses, Structures, and Photocatalytic Properties [J]. Crystal Growth & Design, 2020, 20 (2): 1130-1138.

[20] Lin F, Liu W, Wang H, et al. Strongly emissive white-light-emitting silver iodide based inorganic-organic hybrid structures with comparable quantum efficiency to commercial phosphors [J]. Chemical Communications, 2020, 56 (10): 1481-1484.

[21] Wang J J, Chen C, Chen W G, et al. Highly Luminescent Copper Iodide Cluster Based Inks with Photoluminescence Quantum Efficiency Exceeding 98% [J]. Journal of the American Chemical Society, 2020, 142 (8): 3686-3690.

[22] Meijboom R, Bowen R J, Berners-Price S J. Coordination complexes of silver (I) with tertiary phosphine and related ligands [J]. Coordination Chemistry Reviews, 2009, 253 (3): 325-342.

[23] Englert U. Halide-bridged polymers of divalent metals with donor ligands-structures and properties [J]. Coordination Chemistry Reviews, 2010, 254 (5): 537-554.

[24] Zhang J, Yao W W, Sang L, et al. Multi-step structural phase transitions with novel symmetry breaking and inverse symmetry breaking characteristics in a $[Ag_4I_6]^{2-}$ cluster hybrid crystal [J]. Chemical Communications, 2020, 56 (3): 462-465.

[25] Li Y, Cao H, Yu J. Toward a New Era of Designed Synthesis of Nanoporous Zeolitic Materials [J]. Acs Nano, 2018, 12 (5): 4096-4104.

[26] Wu Q, Ma Y, Wang S, et al. 110th Anniversary: Sustainable Synthesis of Zeolites: From Fundamental Research to Industrial Production [J]. Industrial & Engineering Chemistry Research, 2019, 58 (27): 11653-11658.

[27] Boronat M, Corma A. What is measured when measuring acidity in zeolites with probe molecules? [J]. Acs Catalysis, 2019, 9 (2): 1539-1548.

[28] Zhang X M, Sarma D, Wu Y Q, et al. Open-Framework Oxysulfide Based on the Supertetrahedral $[In_4Sn_{16}O_{10}S_{34}]^{12-}$ Cluster and Efficient Sequestration of Heavy Metals [J]. Journal of the American Chemical Society, 2016, 138 (17): 5543-5546.

[29] Swarnkar A, Mir W J, Chakraborty R, et al. Are Chalcogenide Perovskites an Emerging Class of Semiconductors for Optoelectronic Properties and Solar Cell? [J]. Chemistry of Materials, 2019, 31 (3): 565-575.

[30] Rao C N R, Behera J N, Dan M. Organically-templated metal sulfates, selenites and selenates [J]. Chemical Society Reviews, 2006, 35 (4): 375-387.

[31] Feng P, Bu X, Zheng N. The interface chemistry between chalcogenide clusters and open framework chalcogenides [J]. Accounts of chemical research, 2005, 38 (4): 293-303.

[32] Zheng N, Bu X, Feng P. Synthetic design of crystalline inorganic chalcogenides exhibiting fast-ion conductivity [J]. Nature, 2003, 426 (6965): 428-432.

[33] Lehn J M. Supramolecular chemistry-scope and perspectives molecules, supermolecules, and molecular devices (Nobel Lecture) [J]. Angewandte Chemie

International Edition，1988，27（1）：89-112.

[34] Pedersen C J. Cyclic polyethers and their complexes with metal salts [J]. Journal of the American Chemical Society，1967，89（26）：7017-7036.

[35] Salcedo R. Las ventajas de ser débil：Premio Nobel de Química 2016 [J]. Educación Química，2017，28（1）：59-61.

[36] Dumartin M，Lipke M C，Stoddart J F. A Redox-Switchable Molecular Zipper [J]. Journal of the American Chemical Society，2019，141（45）：18308-18317.

[37] 张来新. 超分子大环配体环蕃化合物的合成应用及分子识别 [J]. 化学工程师，2014，28（3）：30-32.

[38] Yu Y，Rebek J. Reactions of Folded Molecules in Water [J]. Accounts of Chemical Research，2018，51（12）：3031-3040.

[39] Horie M，Wang C H. Stimuli-responsive dynamic pseudorotaxane crystals [J]. Materials Chemistry Frontiers，2019，3（11）：2258-2269.

[40] Mu Y，Yu M. Effects of hydrophobic interaction strength on the self-assembled structures of model peptides [J]. Soft matter，2014，10（27）：4956-4965.

[41] Tsuzuki S. CH/π interactions [J]. Annual Reports Section" C"（Physical Chemistry），2012，108（108）：69-95.

[42] Saha B K，Saha A，Sharada D，et al. F or O，Which One Is the Better Hydrogen Bond（Is It?）Acceptor in C-H···X-C（X—=F—，O=）Interactions? [J]. Crystal growth & design，2018，18（1）：1-6.

[43] Saccone M，Catalano L. Halogen Bonding beyond Crystals in Materials Science [J]. The Journal of Physical Chemistry B，2019，123（44）：9281-9290.

[44] Caronna T，Liantonio R，Logothetis T A，et al. Halogen Bonding and π···π Stacking Control Reactivity in the Solid State [J]. Journal of the American Chemical Society，2004，126（14）：4500-4501.

[45] Schmidt G M J. Photodimerization in the solid state [J]. Pure and Applied Chemistry，1971，27（4）：647-678.

[46] 麦松威，周公度，李伟基. 高等无机结构化学，（第二版）[M]. 北京大学出版社，2006.

[47] Ye N，Tu C，Long X，et al. Recent Advances in crystal growth in china：laser，nonlinear optical，and ferroelectric crystals [J]. Crystal Growth & Design，2010，10（11）：4672-4681.

[48] Ju M，Wang X，Long X，et al. Recent advances in transition metal based compound catalysts for water splitting from the perspective of crystal engineering [J]. CrystEngComm，2020，22（9）：1531-1540.

[49] Biradha K, Su C Y, Vittal J J. Recent Developments in Crystal Engineering [J]. Crystal Growth & Design, 2011, 11 (4): 875-886.

[50] Kun C, Schünemann S, Seulki S, et al. Structural effects on optoelectronic properties of halide perovskites [J]. Chemical Society Reviews, 2018, 47 (18): 7045-7077.

[51] Jena A K, Kulkarni A, Miyasaka T. Halide Perovskite Photovoltaics: Background, Status, and Future Prospects [J]. Chemical Reviews, 2019, 119 (5): 3036-3103.

[52] Zhou C, Lee S, Lin H, et al. Bulk Assembly of Multicomponent Zero-Dimensional Metal Halides with Dual Emission [J]. ACS Materials Letters, 2020, 2 (4): 376-380.

[53] Mitzi D B, Feild C A, Harrison W T A, et al. Conducting tin halides with a layered organic-based perovskite structure [J]. Nature, 1994, 369 (6480): 467-469.

[54] Kagan C R, Mitzi D B, Dimitrakopoulos C D. Organic-inorganic hybrid materials as semiconducting channels in thin-film field-effect transistors [J]. Science, 1999, 286 (5441): 945-947.

[55] Wu L M, Wu X T, Chen L. Structural overview and structure-property relationships of iodoplumbate and iodobismuthate [J]. coordination chemistry reviews, 2009, 253 (23-24): 2787-2804.

[56] Mishra S, Jeanneau E, Daniele S, et al. Reactions of metal iodides as a simple route to heterometallics: synthesis, structural transformations, thermal and luminescent properties of novel hybrid iodoargentate derivatives templated by $[YL_8]^{3+}$ or $[YL_7]^{3+}$ cations (L=DMF or DMSO) [J]. Dalton Transactions, 2008, (48): 6296-6304.

[57] Zhou C, Tian Y, Wang M, et al. Low Dimensional Organic Tin Bromide Perovskites and Their Photoinduced Structural Transformation [J]. Angewandte Chemie International Edition, 2017, 56 (31): 9018-9022.

[58] Mao L, Wu Y, Stoumpos C C, et al. Tunable White-light Emission in Single Cation Templated Three-layered 2D Perovskites $(CH_3CH_2NH_3)_4Pb_3Br_{10-x}Cl_x$ [J]. Journal of the American Chemical Society, 2017, 139 (34): 11956-11963.

[59] Li S L, Zhang X M. Cu_3I_7 Trimer and Cu_4I_8 Tetramer Based Cuprous Iodide Polymorphs for EfficientPhotocatalysis and Luminescent Sensing: Unveiling Possible Hierarchical Assembly Mechanism [J]. Inorganic Chemistry, 2014, 53 (16): 8376-8383.

[60] Chan H, Chen Y, Dai M, et al. Multi-dimensional iodocuprates of 4-cyanopyridinium and N,N'-dialkyl-4,4'-bipyridinium: syntheses, structures and dielectric properties [J]. CrystEngComm, 2012, 14 (2): 466-473.

[61] Wang G E, Xu G, Liu B W, et al. Semiconductive Nanotube Array Constructed from Giant [$Pb^{II}_{18}I_{54}(I_2)_9$] Wheel Clusters [J]. Angewandte Chemie International Edition, 2016, 55 (2): 514-518.

[62] Sun C, Du M X, Xu J G, et al. A nanowire array with two types of bromoplumbate chains and high anisotropic conductance [J]. Dalton Transactions, 2018, 47 (4): 1023-1026.

[63] Safdari M, Phuyal D, Philippe B, et al. Impact of synthetic routes on the structural and physical properties of butyl-1,4-diammonium lead iodide semiconductors [J]. Journal of Materials Chemistry A, 2017, 5 (23): 11730-11738.

[64] Safdari M, Fischer A, Xu B, et al. Structure and Function Relationships in Alkylammonium Lead (II) Iodide Solar Cells [J]. Journal of Materials Chemistry A, 2015, 3 (17): 9201-9207.

[65] Lin R G, Xu G, Lu G, et al. Photochromic Hybrid Containing In Situ-Generated Benzyl Viologen and Novel Trinuclear [Bi_3Cl_{14}]$^{5-}$: Improved Photoresponsive Behavior by the $\pi\cdots\pi$ Interactions and Size Effect of Inorganic Oligomer [J]. Inorganic Chemistry, 2014, 53 (11): 5538-5545.

[66] Barrer R M, Denny P J. 201. Hydrothermal chemistry of the silicates. Part IX. Nitrogenous aluminosilicates [J]. Journal of the Chemical Society, 1961, (0): 971-982.

[67] Freyhardt C C, Tsapatsis M, Lobo R F, et al. A high-silica zeolite with a 14-tetrahedral-atom pore opening [J]. Nature, 1996, 381: 295-298.

[68] Bhanja P, Na J, Jing T, et al. Nanoarchitectured Metal Phosphates and Phosphonates: A New Material Horizon toward Emerging Applications [J]. Chemistry of Materials, 2019, 31 (15): 5343-5362.

[69] Masquelier C, Croguennec L. Polyanionic (phosphates, silicates, sulfates) frameworks as electrode materials for rechargeable Li (or Na) batteries [J]. Chemical Reviews, 2013, 113 (8): 6552-6591.

[70] Mercier N. The Templating Effect and Photochemistry of Viologens in Halometalate Hybrid Crystals [J]. European Journal of Inorganic Chemistry, 2013, 2013 (1): 19-31.

[71] Adonin S A, Sokolov M N, Fedin V P. Polynuclear halide complexes of Bi (III): From structural diversity to the new properties [J]. Coordination Chemistry Reviews, 2016, 312: 1-21.

[72] Adil K, Leblanc M, Maisonneuve V, et al. Structural chemistry of organically-templated metal fluorides [J]. Dalton Transactions, 2010, 39 (26): 5983-5993.

[73] Guo X, Geng S, Zhuo M, et al. The utility of the template effect in metal-organic frameworks [J]. Coordination Chemistry Reviews, 2019, 391: 44-68.

[74] Petkovich N D, Stein A. Controlling macro-and mesostructures with hierarchical porosity through combined hard and soft templating [J]. Chemical Society Reviews, 2013, 42 (9): 3721-3739.

[75] Ajami D, Liu L, Rebek Jr J. Soft templates in encapsulation complexes [J]. Chemical Society Reviews, 2015, 44 (2): 490-499.

[76] Paillaud J L, Caullet P, Schreyeck L, et al. Mu-13: a new $AlPO_4$ prepared with 4,13-diaza-18-crown-6 as a structuring agent [J]. Microporous and mesoporous materials, 2001, 42 (2): 177-189.

[77] Shantz D F, Burton A, Lobo R F. Synthesis, structure solution, and characterization of the aluminosilicate MCM-61: the first aluminosilicate clathrate with 18-membered rings [J]. Microporous and mesoporous materials, 1999, 31 (1): 61-73.

[78] Lawton S L, Rohrbaugh W J. The framework topology of ZSM-18, a novel zeolite containing rings of three (Si, Al)-O species [J]. Science, 1990, 247 (4948): 1319-1323.

[79] Schmitt K D, Kennedy G J. Toward the rational design of zeolite synthesis: the synthesis of zeolite ZSM-18 [J]. Zeolites, 1994, 14 (8): 635-642.

[80] Burton A W. A priori phase prediction of zeolites: Case study of the structure-directing effects in the synthesis of MTT-type zeolites [J]. Journal of the American Chemical Society, 2007, 129 (24): 7627-7637.

[81] Noble G W, Wright P A, Kvick Å. The templated synthesis and structure determination by synchrotron microcrystal diffraction of the novel small pore magnesium aluminophosphate STA-2 [J]. Journal of the Chemical Society, Dalton Transactions, 1997, (23): 4485-4490.

[82] Billing D G, Lemmerer A. Inorganic-organic hybrid materials incorporating primary cyclic ammonium cations: The lead iodide series [J]. CrystEngComm, 2007, 9 (3): 236-244.

[83] Jansen J C. Chapter 5A The preparation of oxide molecular sieves A. Synthesis of zeolites [J]. Studies in Surface Science and Catalysis, 2001, 137: 175-227.

[84] Freckmann B, Tebbe K F. The Crystal Structure of [$Cu(H_2NCH_2CH_2NH_2)_2$ $(CuI_{4/2})_2$][J]. Zeitschrift fur Naturforschung Section B-A Journal of Chemical

Sciences, 1980, 35b: 1319-1321.

[85] Hartl H, Brudgam I, Mahdjour-Hassan-Abadi F. Syntheses and Structure Analyses of Iodocuprates (Ⅰ): Ⅱ. Diiodocuprates (Ⅰ) $RCuI_2$ with Isolated Chains 1∞ [$CuI_{4/2}^{-}$]; R^1 = N-Methylpyridinium, R^2 = Dimethyl (3-dimethylamino-2-aza-2-propenyliden) Ammonium [J]. Zeitschrift fur Naturforschung Section B-A Journal of Chemical Sciences, 1983, 38b: 57-61.

[86] Corradi A B, Cramarossa M R, Manfredini T, et al. Synthesis and structural, thermal and electrical properties of piperazinium Iodocuprates (Ⅰ) [J]. Journal of the Chemical Society, Dalton Transactions, 1993, (23): 3587-3591.

[87] Goher M A S, Al-Salem N A, Mak T C W. Synthesis, spectral and crystal structures of two new copper (Ⅰ) complexes of di-2-pyridyl ketone (DPK) containing uncoordinated N-protonated ligand; [(DPK)H][CuX_2] (X = I and NCS) [J]. Polyhedron, 2000, 19 (12): 1465-1470.

[88] Yu J H, Xu J Q, Han L, et al. Hydrothermal Syntheses, Supramolecular Structures and the Third-order Non-linear Optical Properties of Three Copper (Ⅰ) Halide Amine Complexes Connected via Secondary Bonding Interactions [J]. Chinese Journal of Chemistry, 2002, 20 (9): 851-857.

[89] Haddad S F, AlDamen M A, Willett R D, et al. A copper (Ⅰ) iodide chain with the 2-amino-4, 6-dimethylpyridine cation [J]. Acta Crystallographica Section E, 2004, 60 (1): m76-m78.

[90] Chen J X, Zhang Y, Ren Z G, et al. Syntheses, crystal structures and luminescent properties of three new halogencuprate (Ⅰ) complexes with 4-(trimethylammonio) phenyldisulphide [J]. Journal of molecular structure, 2006, 784 (1-3): 24-31.

[91] Jiao X, Niu Y, Zhang H, et al. Reactivity of polyiodide toward 1,3-bis (4-pyridyl) propane (bpp): synthesis and structure of an organic-inorganic hybrid compound [$(CuI_2)_2$(N,N'-dimethyl-bpp)]$_n$[J]. Journal of Chemical Crystallography, 2006, 36 (10): 685-689.

[92] Tershansy M A, Goforth A M, Peterson L R, et al. Syntheses and crystal structures of new chain-containing iodometallate compounds: [H1, 10-phen]$(H_2O)_{1.41}$[AgI_2], [H1, 10-phen]$(H_2O)_{1.42}$[CuI_2]; [Co$(tpy)_2$][Bi_2I_8], [Fe$(tpy)_2$][Bi_2I_8], [Co$(1, 10\text{-phen})_3$] [Pb_3I_8] · H_2O, and [Fe$(1, 10\text{-phen})_3$][Pb_3 I_8] · 0.5 (H_2O)[J]. Solid State Sciences, 2007, 9 (10): 895-906.

[93] Zhang S, Cao Y, Zhang H, et al. Influence of synthesis condition on product formation: hydrothermal auto-oxidated synthesis of five copper halides with

ratio of Cu(Ⅰ)/Cu(Ⅱ) in 1 : 1, 2 : 1, 3 : 1, 4 : 1 and 1 : 0 [J]. Journal of Solid State Chemistry, 2008, 181 (12): 3327-3336.

[94] Fan L Q, Wu J H, Huang Y F, et al. Synthesis, Crystal Structure and Characterization of a New Mixed-valence Cu (Ⅰ)/Cu (Ⅱ) Complex [Cu (bipy) (Me_2dtc) CuI_2]$_n$ [J]. Chinese Journal of Structural Chemistry, 2011, 30 (3): 340-345.

[95] Maderlehner S, Leitl M J, Yersin H, et al. Halocuprate (I) zigzag chain structures with N-methylated DABCO cations-bright metal-centered luminescence and thermally activated color shifts [J]. Dalton Transactions, 2015, 44 (44): 19305-19313.

[96] Liu F, Hao P, Yu T, et al. Four imidazolium iodocuprates based on anion-π and π-π interactions: Structural and spectral modulation [J]. Journal of Molecular Structure, 2016, 1119: 431-436.

[97] Lei X W, Yue C Y, Wang S, et al. Di-pyridyl organic cation directed hybrid cuprous halogenides: syntheses, crystal structures and photochromism and photocatalysis [J]. Dalton Transactions, 2017, 46 (13): 4209-4217.

[98] Wang K, Chinnam A K, Petrutik N, et al. Iodocuprate-containing ionic liquids as promoters for green propulsion [J]. Journal of Materials Chemistry A, 2018, 6 (45): 22819-22829.

[99] Yue C Y, Lin N, Gao L, et al. Organic cation directed one-dimensional cuprous halide compounds: syntheses, crystal structures and photoluminescence properties [J]. Dalton Transactions, 2019, 48 (27): 10151-10159.

[100] Tapp N J, Milestone N B, Bibby D M. Synthesis of $AlPO_4$-11 [J]. Zeolites, 1988, 8 (3): 183-188.

[101] Lee H, Zones S I, Davis M E. A combustion-free methodology for synthesizing zeolites and zeolite-like materials [J]. Nature, 2003, 425 (6956): 385-388.

[102] Cooper E R, Andrews C D, Wheatley P S, et al. Ionic liquids and eutectic mixtures as solvent and template in synthesis of zeolite analogues [J]. Nature, 2004, 430 (7003): 1012-1016.

[103] Pan Q, Li J, Christensen K E, et al. A Germanate Built from a $6^8 12^6$ Cavity Cotemplated by an $(H_2O)_{16}$ Cluster and 2-Methylpiperazine [J]. Angewandte Chemie International Edition, 2008, 47 (41): 7868-7871.

[104] Turrina A, Garcia R, Cox P A, et al. Retrosynthetic Co-Templating Method for the Preparation of Silicoaluminophosphate Molecular Sieves [J]. Chemistry of Materials, 2016, 28 (14): 4998-5012.

[105] Corma A，Rey F，Rius J，et al. Supramolecular self-assembled molecules as organic directing agent for synthesis of zeolites [J]. Nature，2004，431 (7006)：287-290.

[106] Martínez-Franco R，Cantin A，Moliner M，et al. Synthesis of the Small Pore Silicoaluminophosphate STA-6 by Using Supramolecular Self-Assembled Organic Structure Directing Agents [J]. Chemistry of Materials，2014，26 (15)：4346-4353.

[107] Martínez-Franco R，Cantín A，Vidal-Moya A，et al. Self-assembled aromatic molecules as efficient organic structure directing agents to synthesize the silicoaluminophosphate SAPO-42 with isolated Si species [J]. Chemistry of Materials，2015，27 (8)：2981-2989.

[108] Gómez-Hortigüela L，López-Arbeloa F，Corà F，et al. Supramolecular chemistry in the structure direction of microporous materials from aromatic structure-directing agents [J]. Journal of the American Chemical Society，2008，130 (40)：13274-13284.

[109] Li C R，Li S L，Zhang X M. D_3-Symmetric Supramolecular Cation $\{(Me_2NH_2)_6(SO_4)\}^{4+}$ As a New Template for 3D Homochiral (10,3)-a Metal Oxalates [J]. Crystal Growth & Design，2009，9 (4)：1702-1707.

[110] Zhang X，Lei Z X，Luo W，et al. 1-D Selenidoindates $\{[In_2Se_5]\}_\infty$ Directed by Chiral Metal Complex Cations of 1,10-Phenanthroline [J]. Inorganic chemistry，2011，50 (21)：10872-10877.

[111] Lin H Y，Chin C Y，Huang H L，et al. Crystalline inorganic frameworks with 56-ring，64-ring，and 72-ring channels [J]. Science，2013，339 (6121)：811-813.

[112] Xu G，Guo G C，Wang M S，et al. Photochromism of a methyl viologen bismuth (Ⅲ) chloride：structural variation before and after UV irradiation [J]. Angewandte Chemie International Edition，2007，46 (18)：3249-3251.

[113] Wu J，Yan Y，Liu B，et al. Multifunctional open-framework zinc phosphate $[C_{12}H_{14}N_2][Zn_6(PO_4)_4(HPO_4)(H_2O)_2]$：photochromic，photoelectric and fluorescent properties [J]. Chemical Communications，2013，49 (44)：4995-4997.

[114] Li J H，Han S D，Pan J，et al. Template synthesis and photochromism of a layered zinc diphosphonate [J]. CrystEngComm，2017，19 (8)：1160-1164.

[115] Chen Y，Yang Z，Guo C X，et al. Using alcohols as alkylation reagents for 4-cyanopyridinium and N,N′-dialkyl-4,4′-bipyridinium and their one-dimensional

iodoplumbates [J]. CrystEngComm, 2011, 13 (1): 243-250.

[116] Sun C, Wang M S, Li P X, et al. Conductance Switch of a Bromoplumbate Bistable Semiconductor by Electron-Transfer Thermochromism [J]. Angewandte Chemie International Edition, 2017, 56 (2): 554-558.

[117] García-Fernandez A, Marcos-Cives I, Platas-Iglesias C, et al. Diimidazolium Halobismuthates $[Dim]_2$ $[Bi_2X_{10}]$ ($X=Cl^-$, Br^-, or I^-): A New Class of Thermochromic and Photoluminescent Materials [J]. Inorganic Chemistry, 2018, 57 (13): 7655-7664.

[118] Liu G N, Jiang X M, Fan Q S, et al. Water Stability Studies of Hybrid Iodoargentates Containing N-Alkylated or N-Protonated Structure Directing Agents: Exploring Noncentrosymmetric Hybrid Structures [J]. Inorganic Chemistry, 2017, 56 (4): 1906-1918.

[119] Lei X W, Yue C Y, Wei J C, et al. Transition metal complex directed lead bromides with tunable structures and visible light driven photocatalytic properties [J]. Dalton Transactions, 2016, 45 (48): 19389-19398.

[120] Mishra S, Jeanneau E, Ledoux G, et al. Novel Barium-Organic Incorporated Iodometalates: Do They Have Template Properties for Constructing Rare Heterotrimetallic Hybrids? [J]. Inorganic Chemistry, 2014, 53 (21): 11721-11731.

[121] Yu L, Li M, Zhou X P, et al. Hybrid Inorganic-Organic Polyrotaxane, Pseudorotaxane, and Sandwich [J]. Inorganic Chemistry, 2013, 52 (18): 10232-10234.

[122] Mishra S, Jeanneau E, Ledoux G, et al. Lanthanide complexes in hybrid halometallate materials: interconversion between a novel 2D microporous framework and a 1D zigzag chain structure of iodoargentates templated by octakis-solvated terbium (Ⅲ) cation [J]. Dalton Transactions, 2009, (25): 4954-4961.

[123] Hou Q, Zhao J J, Zhao T Q, et al. New organically templated photoluminescence iodocuprates (I) [J]. Journal of Solid State Chemistry, 2011, 184 (7): 1756-1760.

[124] Mishra S, Jeanneau E, Chermette H, et al. Crystal-to-crystal transformations in heterometallic yttrium(Ⅲ)copper(Ⅰ) iodide derivatives in a confined solvent-free environment: Influence of solvated yttrium cations on the nuclearity and dimensionality of iodocuprate clusters [J]. Dalton Transactions, 2008, (5): 620-630.

[125] Yu T, Shen J, Fu Y, et al. Solvent-cooperatively directed iodoargentate hybrids: Structures and optical properties [J]. CrystEngComm, 2014, 16 (24): 5280-5289.

[126] Liu G N, Zhao R Y, Xu H, et al. The structures, water stabilities and photoluminescence properties of two types of iodocuprate(Ⅰ)-based hybrids [J]. Dalton Transactions, 2018, 47 (7): 2306-2317.

[127] Li S L, Zhang F Q, Zhang X M. An organic-ligand-free thermochromic luminescent cuprous iodide trinuclear cluster: evidence for cluster centered emission and configuration distortion with temperature [J]. Chemical Communications, 2015, 51 (38): 8062-8065.

[128] Silva C F B D, Schwarz S, Mestres M G, et al. Synthesis and Crystal Structure of the Silver Complexes $[PPh_4]_2[Ag_4Cl_4(ClC_6H_4N_3C_6H_4Cl)_2]$, $[Et_4N][Ag_2(tolyl\text{-}N_5\text{-}tolyl)_3]\cdot 2THF$ and $[(n\text{-}Bu)_4N]_3[Ag_3I_6]$ and about the reaction of $[Ag(ClC_6H_4N_3C_6H_4Cl)]_2$ and $[Ag(tolyl\text{-}N_5\text{-}tolyl)]_2$ with Iodine[J]. Zeitschrift Für Anorganische Und Allgemeine Chemie, 2004, 630 (13-14): 2231-2236.

[129] Solntsev P V, Sieler J, Krautscheid H, et al. Fused pyridazines: rigid multidentates for designing and fine-tuning the structure of hybrid organic/inorganic frameworks [J]. Dalton Transactions, 2004, (8): 1153-1158.

[130] Hu G, Holt E M. Tris (trimethylphenylammonium) Hexaiodotricuprate (I). [J]. Acta Crystallographica Section C, 1994, 50 (10): 1576-1578.

[131] Lei X W, Yue C Y, Feng L J, et al. Syntheses, crystal structures and photocatalytic properties of four hybrid iodoargentates with zero- and two-dimensional structures [J]. CrystEngComm, 2016, 18 (3): 427-436.

[132] Li Y Y, Wang F R, Li Z Y, et al. Assembly and Adsorption Properties of Seven Supramolecular Compounds with Heteromacrocycle Imidazolium [J]. ACS Omega, 2019, 4 (5): 8926-8934.

[133] Lin C Y, Zhang D, Sun X Y, et al. The structures, photoluminescence and photocatalytic properties of two types of iodocuprate hybrids [J]. Inorganic Chemistry Communications, 2018, 97: 119-124.

[134] Jalilian E, Liao R Z, Himo F, et al. Luminescence properties of the $Cu_4I_6^{2-}$ cluster [J]. CrystEngComm, 2011, 13 (14): 4729-4734.

[135] Jalilian E, Lidin S. Size matters—sometimes. The $[Cu_xI_y]^{(y-x)-}(NR_4)^+_{(y-x)}$ systems [J]. CrystEngComm, 2011, 13 (19): 5730-5736.

[136] Mishra S, Pfalzgraf L G H, Jeanneau E, et al. From discrete $[Y(DMF)_8][Cu_4(\mu_3\text{-}I)_2(\mu\text{-}I)_3I_2]$ ion pairs to extended $[Y(DMF)_6(H_2O)_2][Cu_7(\mu_4\text{-}I)_3(\mu_3\text{-}I)_2(\mu\text{-}I)_4(I)]^1_\infty$ and $[Y(DMF)_6(H_2O)_3][Cu(I)_7Cu(II)_2(\mu_3\text{-}I)_8(\mu\text{-}I)_6]^2_\infty$ arrays by H-bond templating in a confined solvent-free environment [J]. Dalton Transactions, 2007, (4): 410-413.

[137] Dasgupta S, Liu J, Shoffler C A, et al. Enantioselective, Copper-Catalyzed Alkynylation of Ketimines To Deliver Isoquinolines with α-Diaryl Tetrasubstituted Stereocenters [J]. Organic Letters, 2016, 18 (23): 6006-6009.

[138] Xu M M, Li Y, Zheng L J, et al. Three cation-templated Cu(I) self-assemblies: synthesis, structures, and photocatalytic properties [J]. New Journal of Chemistry, 2016, 40 (7): 6086-6092.

[139] Li L, Chen H, Qiao Y Z, et al. The subtle effect of methyl substituent in C_2-symmetric template on the formation of halocluster hybrids [J]. Inorganica Chimica Acta, 2014, 409: 227-232.

[140] Estienne J. Structure de l' octaiodotétraargentate de bis (diazonia-6, 9 dispiro [5. 2. 5. 3] heptadécane) [J]. Acta Crystallographica, 1986, 42 (11): 1512-1516.

[141] Jalilian E, Lidin S. Bis (μ_3-iodo)-pentakis(μ_2-iodo)-penta-copper (Ⅰ) —A fully ordered, isolated $[Cu_5I_7]^{2-}$ cluster [J]. Solid State Sciences, 2011, 13 (4): 768-772.

[142] Pugh D, Boyle A, Danopoulos A A. 'Pincer' pyridine dicarbene complexes of nickel and their derivatives. Unusual ring opening of a coordinated imidazol-2-ylidene [J]. Dalton Transactions, 2008, (8): 1087-1094.

[143] Sillanpaa R, Valkonen J. Copper (Ⅱ) Complexes of 3-Aminopropanols. Synthesis and Crystal Structure of a Compound Containing a Trinuclear Copper (Ⅱ) Cation and a Novel Hexanuclear Iodocuprate (Ⅰ) Anion [J]. Acta Chemica Scandinavica, 1992, 46: 1072-1075.

[144] Zhang B, Zhang J, Feng M L, et al. Synthesis, Crystal Structure and Optical and Photocatalytic Properties of a Discrete Cuprous Iodide Compound with a Transition Metal Complex Cation [J]. Chinese Journal of Structural Chemistry, 2017, 36 (1): 25-32.

[145] Wheaton A M, Streep M E, Ohlhaver C M, et al. Alkyl Pyridinium Iodocuprate (Ⅰ) Clusters: Structural Types and Charge Transfer Behavior [J]. Acs Omega, 2018, 3 (11): 15281-15292.

[146] Zhao Y, Su W, Cao R, et al. Hexakis (tetraethylammonium) tri-μ_4-iodo-di-μ_3-iodo-hexakis [iodosilver(Ⅰ)] iodide, $(Et_4N)_6$ $[Ag_6I_{11}]$ I [J]. Acta Crystallographica Section C, 1999, 55 (10): IUC9900122.

[147] Mahdjour-Hassan-Abadi F, Hartl H, Fuchs J. $[Cu_6I_{11}]^{5\ominus}$-ein Polyanion mit trigonal-prismatischer Anordnung von sechs Metallatomen [J]. Angewandte Chemie, 1984, 96 (7): 497.

[148] Hartl H, Brüdgam I. Syntheses and Structure Analyses of Iodocuprates (I) X. $[Co(cp)_2]_2$ $[CuI_3]$ and $[Co(cp)_2]$ $[Cu_2I_3]$ = 1/9 {$[Co(cp)_2]_9$ $[Cu_6I_{11}]^2_\infty$

[$(Cu_6I_8)_2$]} [1] [J]. Zeitschrift fur Naturforschung Section B -A Journal of Chemical Sciences, 1989, 44b: 936-941.

[149] Wang R Y, Zhang X, Huo Q S, et al. New discrete iodometallates with in situ generated triimidazole derivatives as countercations ($M^{n+}=Ag^+$, Pb^{2+} , Bi^{3+}) [J]. Rsc Advances, 2017, 7 (31): 19073-19080.

[150] Rusanova J A, Domasevitch K V, Vassilyeva O Y, et al. New luminescent copper (Ⅰ) halide complexes containing Rb^+ complexes of 18-crown-6 as counter ions prepared from zerovalent copper [J]. Journal of the Chemical Society, Dalton Transactions, 2000, (13): 2175-2182.

[151] Rath N P, Holt E M. Copper (Ⅰ) iodide complexes of novel structure: [Cu_4I_6] [Cu_8I_{13}] - K_7 (12-crown-4) $_6$, [Cu_4I_6] K_2 (15-crown-5) $_2$, and [Cu_3I_4] K (dibenzo-24-crown-8) [J]. Journal of the Chemical Society, Chemical Communications, 1985, (10): 665-667.

[152] Wang R Y, Zhang X, Huo Q S, et al. New discrete iodometallates with in situ generated triimidazole derivatives as countercations ($M^{n+}=Ag^+$, Pb^{2+} , Bi^{3+}) [J]. Rsc Advances, 2017, 7 (31): 19073-19080.

[153] Domasevitch K V, Rusanova J A, Vassilyeva O Y, et al. Extended multidecker sandwich architecture of Cs^+ -18-crown-6 complexes stabilized in the environment of novel large iodocuprate (Ⅰ) clusters obtained from zerovalent copper [J]. Journal of the Chemical Society, Dalton Transactions, 1999, (17): 3087-3093.

[154] HuangW, Wei H, Li H, et al. Metal-Cation-Directed Assembly of Two M-I (M=Cu, Ag) Clusters: Structures, Thermal Behaviors, Theoretical Studies, and Luminescence Properties [J]. Journal of Cluster Science, 2016, 27 (4): 1463-1474.

[155] Shen Y, Zhang L, Sun P, et al. Iodoargentates from clusters to 1D chains and 2D layers induced by solvated lanthanide complex cations: syntheses, crystal structures, and photoluminescence properties [J]. CrystEngComm, 2018, 20 (4): 520-528.

[156] Hartl H, Fuchs J. [$Cu_{36}I_{56}$] $^{20\ominus}$ -a Novel Polyanion in the Compound $(pyH)_2$ [Cu_3I_5] [J]. Angewandte Chemie International Edition, 1986, 25 (6): 569-570.

[157] Yu T L, Hao P F, Shen J J, et al. Stoichiometry-controlled structural and functional variation in two photochromic iodoargentates with a fast and wide range response [J]. Dalton Transactions, 2016, 45 (41): 16505-16510.

[158] Zhu Y, Yu T, Hao P, et al. Halogen-Dependent Thermochromic Properties

in Three Methyl-Viologen/Haloargentate Charge Transfer (CT) Salts [J]. Journal of Cluster Science, 2016, 27 (4): 1283-1291.

[159] Liu G N, Liu L L, Chu Y N, et al. Different Contributions of Aliphatic and Conjugated Organic Cations to Both the Crystal and Electronic Structures: Three Hybrid Iodoargentates Showing Two Isomers of the $(AgI_2)^-$ Chain [J]. European Journal of Inorganic Chemistry, 2015, 2015 (3): 478-487.

[160] Yu T, Li H, Hao P, et al. Dynamic Directing Effect and Symmetric Correlation in Three pH-Modulated 1,4-Diazabicyclo [2.2.2] octane/Iodoargentate Hybrids [J]. European Journal of Inorganic Chemistry, 2016, 2016 (30): 4878-4884.

[161] Zhang C, Shen J, Guan Q, et al. Structurally dependent thermochromism of two iodoargentate hybrids based on the intermolecular charge transfer [J]. Solid State Sciences, 2015, 46: 14-18.

[162] Zhang D, Xue Z Z, Pan J, et al. Solvated Lanthanide Cationic Template Strategy for Constructing Iodoargentates with Photoluminescence and White Light Emission [J]. Crystal Growth & Design, 2018, 18 (11): 7041-7047.

[163] Liu G N, Li K, Fan Q S, et al. A simultaneous disulfide bond cleavage, N, S-bialkylation/N-protonation and self-assembly reaction: syntheses, structures and properties of two hybrid iodoargentates with thiazolyl-based heterocycles [J]. Dalton Transactions, 2016, 45 (47): 19062-19071.

[164] Chen W, Liu F. Synthesis and characterization of oligomeric and polymeric silver-imidazol-2-ylidene iodide complexes [J]. Journal of Organometallic Chemistry, 2003, 673 (1-2): 5-12.

[165] Li S L, Zhang R, Hou J J, et al. Photoluminescent Cuprous Iodide Polymorphs Generated via in situ Organic Reactions [J]. Inorganic Chemistry Communications, 2013, 32: 12-17.

[166] Goher M A S, Hafez A K, Mak T C W. A copper (Ⅰ) complex containing a new structure of the $[Cu_2I_3]^-$ anion. Reaction of CuI with quinaldic acid and the crystal structure of tris- (2-carboxyquinoline) triiododicopper (Ⅰ) monohydrate [J]. Polyhedron, 2001, 20 (20): 2583-2587.

[167] Asplund M, Jagner S. Structure of 3, 4, 5-Tris (methylthio) -1, 2-dithiolium catena-μ-Iodo-μ_3-iodo- [μ-iodo-dicuprate (Ⅰ)], $[S_2C_3(SCH_3)_3][Cu_2I_3]$ [J]. Acta Chemica Scandinavica, 1984, 38A: 129-134.

[168] Paulsson H, Fischer A, Kloo L. Bis [bis(12-crown-4) potassium] hexaiodotetracuprate (Ⅰ) [J]. Acta Crystallographica Section E, 2004, 60 (5): m548-m550.

[169] Nurtaeva A K，Holt E M. (15-Crown-5) caesium Dicopper（Ⅰ）Triiodide，(15-Crown-5) potassium Dicopper（Ⅰ）Triiodide and (15-Crown-5) rubidium Dicopper（Ⅰ）Triiodide. [J]. Acta Crystallographica Section C，1998，54 (5)：594-597.

[170] Batsanov A S，Struchkov Y T，Ukhin L Y，et al. Unusual infinite-chain anion [$Cu_2I_3^-$]$_\infty$ in the structure of its thiopyrilium salt [J]. Inorganica Chimica Acta，1982，63：17-22.

[171] Bringley J F，Rajeswaran M，Olson L P，et al. Silver-halide/organic-composite structures：Toward materials with multiple photographic functionalities [J]. Journal of Solid State Chemistry，2005，178 (10)：3074-3089.

[172] Liu G N，Zhang X，Wang H M，et al. Do alkyl groups on aromatic or aliphatic structure directing agents affect water stabilities and properties of hybrid iodoargentates? [J]. Dalton Transactions，2017，46 (37)：12474-12486.

[173] Wu W，Lin XL，Liu Q，et al. The engineering of stilbazolium/iodocuprate hybrids with optical/electrical performances by modulating inter-molecular charge transfer among H-aggregated chromophores [J]. Inorganic Chemistry Frontiers，2020，7 (6)：1451-1466.

[174] Li X，Hao P F，Shen J J，et al. Two photochromic iodoargentate hybrids with adjustable photoresponsive mechanism [J]. Dalton Transactions，2018，47 (17)：6031-6035.

[175] Li H H，Chen Z R，Li J Q，et al. Synthesis，structure and optical limiting effect of a novel inorganic-organic hybrid polymer containing mixed chains of copper（Ⅰ）/iodine [J]. Journal of Solid State Chemistry，2006，179 (5)：1415-1420.

[176] Gilmore C J，Tucker P A，Woodward P. Crystal structure of tetrabutylammonium tetraiodotriargentate，Bu_4N [Ag_3I_4] [J]. Journal of the Chemical Society，1971，1337-1341.

[177] Hartl H，Mahdjour-Hassan-Abadi F. Syntheses and Sructure Analyses of Iodocuprate (Ⅰ). III. Iodocuprate (Ⅰ) with Isolated Chains ∞^1 [Cu_2I_3]$^-$ or ∞^1 [Cu_3I_4]$^-$ [J]. Zeitschrift fur Naturforschung Section B-A Journal of Chemical Sciences，1984，39b：149-156.

[178] Lei X W，Yue C Y，Zhao J K，et al. Syntheses，Crystal Structures，and Photocatalytic Properties of Polymeric Iodoargentates [TM(2，2-bipy)$_3$]Ag_3I_5 (TM = Mn，Fe，Co，Ni，Zn) [J]. European Journal of Inorganic Chemistry，2015，2015 (26)：4412-4419.

[179] Shen J，Wang F，Li X，et al. Two photochromic methylated nicotinohydraz-

ide iodoargentate hybrids [J]. Dalton Transactions, 2016, 6 (101): 98916-98920.

[180] Yu T, Fu Y, Wang Y, et al. Hierarchical symmetry transfer and flexible charge matching in five $[M(phen)_3]^{2+}$ directed iodoargentates with 1D to 3D frameworks [J]. CrystEngComm, 2015, 17 (45): 8752-8761.

[181] Yu T, Shen J, Wang Y, et al. Solvent-Dependent Iodoargentate Hybrids: Syntheses, Structural Diversity, Thermochromism, and Photocatalysis [J]. European Journal of Inorganic Chemistry, 2015, 2015 (11): 1989-1996.

[182] Myllyviita S, Sillanpää R. Synthetic and Structural Study of Tetra-p-3-aminopropanolato-tricopper (Ⅱ) catena-Pentaiodotricuprate (Ⅰ) and-argentate [J]. Journal of the Chemical Society, Dalton Transactions, 1994, (14): 2125-2128.

[183] Yue Y D, Sun C, Zhang W F, et al. Syntheses, crystal structures and visible light driven photocatalytic properties of organic-inorganic hybrid cuprous halides [J]. Journal of Solid State Chemistry, 2020, 285, 121212.

[184] Qiao Y Z, Fu W Z, Yue J M, et al. Role of cooperative templates in the self-assembly process of microporous structures: syntheses and characterization of 12 new silver halide /thiocyanate supramolecular polymers [J]. CrystEngComm, 2012, 14 (9): 3241-3249.

[185] Li H H, Chen Z R, Li J Q, et al. Role of Spacers and Substituents in the Self-Assembly Process: Syntheses and Characterization of Three Novel Silver (Ⅰ) /Iodine Polymers [J]. Crystal Growth & Design, 2006, 6 (8): 1813-1820.

[186] Lei X W, Yue C Y, Zhao J Q, et al. Low-Dimensional Hybrid Cuprous Halides Directed by Transition Metal Complex: Syntheses, Crystal Structures and Photocatalytic Properties [J]. Crystal Growth & Design, 2015, 15 (11): 5416-5426.

[187] Shen Y, Lu J, Tang C, et al. Polymeric templates and solvent effects: syntheses and properties of polymeric iodoargentates containing solvated $[Mn(4,4'\text{-bpy})]^{2+}$ cations [J]. RSC Advances, 2014, 4 (74): 39596-39605.

[188] Kuhn N, Abu-Salem Q, Maichle-Mößmer C, et al. Crystal structure of bis (1,3-diisopropyl-4,5-dimethylimidazolium) heptaiodopentaargentate, $[C_{11}H_{21}N_2]_2^-[Ag_5I_7]$ [J]. Zeitschrift Fur Kristallographie-New Crystal Structures, 2008, 223 (1-4): 341-342.

[189] Hao P, Qiao Y, Yu T, et al. Three iodocuprate hybrids symmetrically modulated by positional isomers and the chiral conformation of N-benzyl-methylpyri-

dinium [J]. Rsc Advances，2016，6 (58)：53566-53572.

[190] Gee W J，Batten S R. Cuprous Halide Complexes of a Variable Length Ligand：Helices，Cluster Chains，and Nets Containing Large Solvated Channels [J]. Crystal Growth & Design，2013，13 (6)：2335-2343.

[191] Li H H，Chen Z R，Li J Q，et al. Synthesis and Characterization of Two Silver Iodides with One-and Three-Dimensional Hybrid Structures Constructed From Ag···Ag Interactions and Organic Templates [J]. European Journal of Inorganic Chemistry，2006，2006 (12)：2447-2453.

[192] Li H H，Xing Y Y，Lian Z X，et al. Rigidity/flexibility competition in organic/iodoargentate hybrids：a combined experimental and theoretical study [J]. CrystEngComm，2013，15 (9)：1721-1728.

[193] Chen Q Y，Cheng X，Wang T，et al. A Low-dimensional Viologen/Iodoargentate Hybrid $[(BV)_2(Ag_5I_9)]_n$：Structure，Properties，and Theoretical Study [J]. Zeitschrift Für Anorganische Und Allgemeine Chemie，2014，640 (2)：439-443.

[194] Li H H，Chen Z R，Li J Q，et al. Novel Inorganic-Organic Hybrid Coordination Polymer $[(C_{10}H_{16}N)_3(Ag_6I_9)]_n$：Synthesis，Structure and Optical Limiting Effect [J]. Journal of Cluster Science，2005，16 (4)：537-545.

[195] Wang D H，Zhao L M，Lin X Y，et al. Iodoargentate/iodobismuthate-based materials hybridized with lanthanide-containing metalloviologens：thermochromic behaviors and photocurrent responses [J]. Inorganic Chemistry Frontiers，2018，5 (5)：1162-1173.

[196] Yu T，An L，Zhang L，et al. Two Thermochromic Layered Iodoargentate Hybrids Directed by 4-and 3-Cyanopyridinium Cations [J]. Crystal Growth & Design，2014，14 (8)：3875-3879.

[197] Lei X，Gao C，Yang J，et al. Two Types of 2D Layered Iodoargentates Based on Trimeric $[Ag_3I_7]$ Secondary Building Units and Hexameric $[Ag_6I_{12}]$ Ternary Building Units：Syntheses，Crystal Structures，and Efficient Visible Light Responding Photocatalytic Properties [J]. Inorganic Chemistry，2015，54 (22)：10593-10603.

[198] Chadha R K. Triethyltellurium (1+) pentaiodotetraargentate (1−)：synthesis and x-ray structure of a layered polyanion [J]. Inorganic Chemistry，1988，27 (8)：1507-1510.

[199] Hao P，Qiao Y，Yu T，et al. Spontaneous chiral resolution and hierarchical directing effects of two-winged propeller-like SDAs on the construction of non-centrosymmetric iodoargentates/iodocuprates [J]. Rsc Advances，2016，6

(90): 87628-87636.

[200] Xu B, Wang R, Wang X. Simplifying the growth of hybrid single-crystals by using nanoparticle precursors: the case of AgI [J]. Nanoscale, 2012, 4 (8): 2713-2719.

[201] Wei Q, Wang D, Han S D, et al. A Series of Iodoargentates Directed by Solvated Metal Cations Featuring Uptake and Photocatalytic Degradation of Organic Dye Pollutants [J]. Chemistry-An Asian Journal, 2019, 14 (5): 640-646.

[202] Hao P, Zhang L, Shen J, et al. Structural and photochromic modulation of dimethylbenzotriazolium iodoargentate hybrid materials [J]. Dyes and Pigments, 2018, 153: 284-290.

[203] Cariati E, Macchi R, Roberto D, et al. Sequential Self-Organization of Silver (Ⅰ) Layered Materials with Strong SHG by J Aggregation and Intercalation of Organic Nonlinear Optical Chromophores through Mechanochemical Synthesis [J]. Chemistry of Materials, 2007, 19 (15): 3704-3711.

[204] Jalilian E, Lidin S. Poly {dimethyldiphenylphosphonium [di-μ_4-iodido-tetra-μ_3-iodido-pentacopper(Ⅰ)]}[J]. Acta Crystallographica Section C, 2010, 66 (8): m227-m230.

[205] Wei Q, Ge B D, Zhang J, et al. Tripyridine-Derivative-Derived Semiconducting Iodo-Argentate/Cuprate Hybrids with Excellent Visible-Light-Induced Photocatalytic Performance [J]. Chemistry An Asian Journal, 2018, 14 (2): 269-277.

[206] Sun A H, Wei Q, Fu A P, et al. Syntheses, structures and efficient visible light-driven photocatalytic properties of layered cuprous halides based on two types of building units [J]. Dalton Transactions, 2018, 47 (20): 6965-6972.

[207] Coetzer J, Thackeray M M. Silver iodide-hexamethylethylenediamine [J]. Acta Crystallographica Section B, 1975, 31 (8): 2113-2114.

[208] Xiao G C. Novel Organically Templated 2-D Silver (Ⅰ) -Iodide Coordination Architecture: Syntheses and Characterization [J]. Journal of Cluster science, 2006, 17 (3): 457-466.

[209] Li H H, Li J B, Wang M, et al. Two Neutral Heterometallic Iodoargentate Hybrid Frameworks: Structures and Properties [J]. Journal of Cluster Science, 2011, 22 (4): 573-586.

[210] Wang D, Xue Z Z, Zhang D, et al. The Iodoargentate Framework as a High-Performance "Sweeper" for Specific Dye Pollutant [J]. Crystal Growth & Design, 2018, 18 (11): 6421-6425.

[211] Chen X, Yao Z Y, Xue C, et al. Novel isomorphism of two hexagonal non-centrosymmetric hybrid crystals of M (en)$_3$ Ag$_2$ I$_4$ (M = transition metal Mn^{2+} or main-group metal Mg^{2+}; en = ethylenediamine) [J]. Crysteng-comm, 2017, 20 (3): 356-361.

[212] Pan J, Wang D, Zhang L X, et al. Pure Inorganic Iodocuprate Framework Embedding In Situ Generated [Pb$_4$ (OH)$_4$]$^{4+}$ Cubic Template [J]. Inorganic Chemistry, 2019, 58 (3): 1746-1749.

[213] Shen J, Zhang C, Yu T, et al. Structural and Functional Modulation of Five 4-Cyanopyridinium Iodoargentates Built Up from Cubane-like Ag$_4$ I$_4$ Nodes [J]. Crystal Growth & Design, 2014, 14 (12): 6337-6342.

[214] Qiao Y, Hao P, Fu, Y. Symmetrically Related Construction and Optical Properties of Two Noncentrosymmetric 3D Iodides of d^{10} Cation (Cu$^+$, Ag$^+$) Based on the N-Benzylpyridinium and Its Supramolecular Interactions [J]. Inorganic Chemistry, 2015, 54 (17): 8705-8710.

[215] Yue C Y, Hu B, Lei X W, et al. Novel Three-Dimensional Semiconducting Materials Based on Hybrid d^{10} Transition Metal Halogenides as Visible Light-Driven Photocatalysts [J]. Inorganic Chemistry, 2017, 56 (18): 10962-10970.

[216] Sun A H, Han S D, Pan J, et al. 3D Inorganic Cuprous Iodide Open-Framework Templated by In Situ N-Methylated 2, 4, 6-Tri (4-pyridyl) -1, 3, 5-triazine [J]. Crystal Growth & Design, 2017, 17 (7): 3588-3591.

[217] Song J, Hou Y, Zhang L, et al. Synthesis and photoluminescent properties of two 2D and 3D iodocuprates modified by a protonated ligand [J]. CrystEng-Comm, 2011, 13 (11): 3750-3755.

[218] Xu W X, Zhou W X, Li J, et al. A novel 3D metal—organic framework with silver iodide anion cluster [Ag$_{14}$ I$_{16}$]$^{2-}$ as node: Synthesis, structure, and fluorescence property [J]. Inorganic Chemistry Communications, 2014, 40: 220-222.

[219] Nurtaeva A, Holt E M. Aqua (benzo-15-crown-5) lithium-hexa-μ-iodotetra-copper-benzo-15-crown-5 (2/1/2), bis[bis(benzo-15-crown-5)caesium] hexa-μ-iodotetracopper and μ-aqua-bis[aqua(18-crown-6)sodium] hexa-μ-iodotetra-copper [J]. Acta Crystallographica Section C, 1999, 55 (9): 1453-1457.

[220] Helgesson G, Jagner S. reparation and Characterization of Tetraphenylphosphonium and Tetraphenylarsonium Halogenoargentates (Ⅰ), Including a New Iodoargentate (Ⅰ) Cluster, (Ag$_4$ I$_8$)$^{4-}$, Containing Three-and Four-Coordinated Silver (Ⅰ) [J]. Journal of the Chemical Society, Dalton Transactions,

1990, (8): 2413-2420.

[221] Li H H, Chen Z R, Liu Y, et al. An ionic compound containing molecular iodine (ipq)$_4$ (Cu_2I_6) • $2I_2$: Synthesis and theoretical investigation [J]. Journal of Molecular Structure, 2009, 934 (1-3): 112-116.

[222] Li H H, Chen Z R, Cheng L C, et al. Three silver iodides with zero and one-dimensional hybrid structures directed by conjugated organic templates: synthesis and theoretical study [J]. Dalton Transactions, 2009, (25): 4888-4895.

[223] Li H H, Chen Z R, Liu Y, et al. Synthesis and characterization of organically templated copper halides with zero and one-dimensional hybrid structures: (nbq)$_4Cu_4I_8$ and (ipq)$_2$ $(Cu_5I_7)_n$ [J]. Journal of Cluster Science, 2007, 18 (4): 817-829.

[224] Wang Y J, Li H H, Chen Z R, et al. 1-Propylquinolinium triiodidocuprate (Ⅰ) [J]. Acta Crystallographica Section E, 2007, 63 (11): m2736.

[225] Yu T, Wu G, Wang Z, et al. pH-Dependent Syntheses, Crystal Structures and Properties of Three Low-Dimensional Iodoargentate Hybrids [J]. Journal of Cluster Science, 2018, 29 (3): 443-449.

[226] Lin Z S, Dong H J, Wu Y L, et al. Synthesis, Properties, and Theoretical Study of a Cation-Induced Iodoargentate Hybrid: $[(PIP\text{-}H_2)_4 \cdot (Ag_4I_{12}) \cdot H_2O]_n$ [J]. Synthesis & Reactivity in Inorganic & Metal Organic Chemistry, 2011, 41 (6): 583-589.

[227] CoetzerJ. Silver iodide-piperazinium- (dimethyl sulphoxide)$_4$ [J]. Acta Crystallographica Section B, 1975, 31 (8): 2115-2116.

[228] Day J H. Thermochromism of inorganic compounds [J]. Chemical Reviews, 1968, 68 (6): 649-657.

[229] Lemmerer A, Billing D G. Synthesis, characterization and phase transitions of the inorganic-organic layered perovskite-type hybrids $[(C_nH_{2n+1}NH_3)_2PbI_4]$, n=7, 8, 9 and 10 [J]. Dalton Transactions, 2012, 41 (4): 1146-1157.

[230] Goforth A M, Tershansy M A, Smith M D, et al. Structural Diversity and Thermochromic Properties of Iodobismuthate Materials Containing d-Metal CoordinationCations: Observation of a High Symmetry $[Bi_3I_{11}]^{2-}$ Anion andof Isolated I^- Anions [J]. Journal of the American Chemical Society, 2011, 133 (3): 603-612.

[231] Nishikiori S, Yoshikawa H, Sano Y, et al. Inorganic-organic hybrid molecular architectures of cyanometalate host and organic guest systems: specific behavior of the guests [J]. Accounts of Chemical Research, 2005, 38 (4): 227-234.

[232] Park Y S，Um S Y，Yoon K B. Charge-Transfer Interaction of Methyl Viologen with Zeolite Framework and Dramatic Blue Shift of Methyl ViologenArene Charge-Transfer Band upon Increasing the Size of Alkali Metal Cation [J]. Journal of the American Chemical Society，1999，121 (13)：3193-3200.

[233] Li H Y，Xu H，Zang S Q，et al. A viologen-functionalized chiral Eu-MOF as aplatform for multifunctional switchable material [J]. Chemical Communications，2016，52 (3)：525-528.

[234] Guo P Y，Sun C，Zhang N N，et al. An inorganic-organic hybrid photochromic material with fast response to hard and soft X-rays at room temperature [J]. Chemical Communications，2018，54 (36)：4525-4528.

[235] Wang M S，Xu G，Zhang Z J，et al. Inorganic-organic hybrid photochromic materials [J]. Chemical Communications，2010，46 (3)：361-376.

[236] Shen J J，Li X X，Yu T L，et al. Ultrasensitive Photochromic Iodocuprate (Ⅰ) Hybrid [J]. Inorganic Chemistry，2016，55 (17)：8271-8273.

[237] Yu T L，Wu G X，Xue M，et al. Five monocyclic pyridinium derivative based halo-argentate/cuprate hybrids or iodide salts：influence of composition on photochromic behaviors [J]. Dalton Transactions，2018，47 (35)：12172-12180.

[238] Hao P，Wang W，Zhang L，et al. Metal-dependent electronic and photochromic behaviors of dimethylbenzotriazolium iodometallate hybrids [J]. Inorganic Chemistry Frontiers，2019，6 (1)：287-292.

[239] Hao P，Li H，Yu T，et al. Pyrazinium iodoargentate with versatile photo-and thermo-chromism [J]. Dyes and Pigments，2017，136：825-829.

[240] Liu J J，Xiang Z，Guan Y F，et al. Two novel donor - acceptor hybrid heterostructures with enhanced visible-light photocatalytic properties [J]. Dalton Transactions，2018，47 (35)：12041-12045.

[241] Zhang W T，Liu J Z，Liu J B，et al. Quaternary Phosphorus-Induced Iodocuprate (Ⅰ)-Based Hybrids：Water Stabilities，Tunable Luminescence and Photocurrent Responses [J]. European Journal of Inorganic Chemistry，2018，2018 (38)：4234-4244.

[242] Wang F R，Li Z Y，Wei D H，et al. The conformational behavior of multivalent tris (imidazolium) cyclophanes in the hybrids with metal (pseudo) halides or polyoxometalates [J]. CrystEngComm，2018，20 (44)：7184-7194.